模糊逻辑系统历久弥新，
模糊宽度学习方兴未艾

  Zadeh 院士是加州大学伯克利分校的著名学者，也是美国工程院院士，更是享誉世界的模糊逻辑之父（father of fuzzy logic），是人工智能界的传奇人物之一。20 世纪 90 年代我有幸多次在国际会议、年会活动和其他重要场合上见过 Zadeh 院士，他是业界的泰斗，贡献至伟。2009 年 IEEE 2009 SMC 会议，Zadeh 院士以主讲嘉宾的身份对我们前沿科研项目进行指导。在我主席任内，学会讨论设立以他为名的先驱奖（Pioneer Award），并于 2014 年设立了 Lotfi Zadeh 先驱奖用来表彰他在模糊逻辑系统领域的贡献。我对模糊逻辑系统的研究除了在以学会为主的期刊发表论文外，也在 Zadeh 院士创立的国际顶级期刊 *IEEE Transactions on Fuzzy System* 发表了多篇论文。此外，我很荣幸获得 2018 年度 Norbert Wiener Award 及 2021 年度 IEEE Joseph G. Wohl 终身成就奖，这也是 Zadeh 院士曾经获得的奖项。

  Zadeh 院士提出的模糊逻辑具有原创性。模糊逻辑将人类思维推理中的不确定性进行定量化、科学化，使传统的专家系统可以计算，是计算智能的重要组成部分，推动了人工智能的发展，尤其在模糊控制领域更是得到成功应用。模糊逻辑理论与应用的发展也不是一帆风顺的，而是起起伏伏、螺旋发展，近 70 年历久弥新。

  深度学习神经网络算法推动了人工智能的发展。但是，深度学习模型计算的复杂度高，硬件投入大。我于 2018 年提出宽度学习的概念，用不同的思路探讨新的结构并取得了很好的效果。目前，以宽度学习为主的研究和应用也有不错的发展，可以说方兴未艾，尤其在增量学习的部分，是人工智能的一个新热点。除此之外，模糊逻辑可以和宽度学习结合，利用模糊逻辑的可解释性及与浅层宽度学习的结合，在学习网络的可解释性是一个比较可行的发展方向。

　　陈德旺教授曾经在澳门大学访问我，探讨模糊逻辑及前沿科学的发展。他是一位思维活跃的年轻学者，同时也是加州大学伯克利分校的访问学者和 Zadeh 院士的学生。陈德旺教授根据自身经历编写的这本科普著作，情真意切、通俗易懂、图文并茂、可读性强，对人工智能感兴趣的朋友可以阅读本书。

（陈俊龙，Fellow of IEEE，AAAS，IAPR，

欧洲科学院院士，华南理工大学讲席教授）

序 二

模糊理论取经加州伯克利，
人工智能发展方向可解释

　　本书作者陈德旺教授是我在中国科学院自动化所攻读博士学位期间的同学，也是我保持长期交往和科研合作为数不多的朋友之一。我们热爱人工智能技术，并将其应用于智能交通等领域。人工智能从1936年图灵提出图灵自动机之日起，已经走过了将近90年的时间，经历了二次低谷，目前正处在第三次热潮之中。

　　以2012年AlexNet在ImageNet数据集的竞赛上取得优异成绩为起点，以2016年AlphaGo战胜围棋世界冠军李世石并发现300年棋谱中未见的高招为标志，以2022年底ChatGPT在聊天机器人方面的显著提升为重要节点，人工智能成功地吸引了各行各业的注意，成为家喻户晓的显学，成为一个渗透到各个领域的赋能理论和技术、一个提升国家科技竞争力的主战场。在人工智能从一棵小树苗成长为一棵参天大树的过程中，有很多人工智能大师在其中发挥了重要的作用。在这些大师中，有一位来自加州大学伯克利分校的专家，也是作者在伯克利访问期间的合作导师Lotfi Zadeh院士。

　　我虽然不是研究模糊理论的专家，但在硕士论文中也研究了模糊神经网络。而且作者从伯克利取经归来后，也多次与我交流，使我对模糊系统有了更深刻的认识。模糊系统具有很多优点，比如，可解释性强，值得信赖，安全性有保障，能从大量数据中获取有意义的模糊规则。这些优点正好可以弥补图灵奖获得者Geoffrey Hinton教授等人提出的深度神经网络的缺陷。神经网络的发展也不是一帆风顺的，经历了三起两落才取得今天的成就。模糊系统也许可以以一种新的形式，如深度模糊系统再度辉煌，这也是本书作者这几年一直在研究的。

可解释人工智能是人工智能领域的发展方向之一，模糊系统也许会以深度模糊系统的形式再度复兴。本书从科普的角度，以作者访问模糊理论之父的亲身经历，娓娓道来、深入浅出，是一本很好的科普书籍，对青少年、人工智能爱好者甚至人工智能研究人员都有一定的参考意义和借鉴价值。

（张军平，中国自动化学会普及工作委员会主任，复旦大学教授）

热爱科研，成果丰硕，
人工智能领域贡献卓越

作者陈德旺教授是我的发小，我们从小一起长大。小时候，大多孩子的梦想是长大后当科学家，他从小就喜欢钻研学习，是老师口中别人家的孩子，而我更热爱动手研究工艺。陈德旺教授从大学生到研究生、到博士、到知名教授，一直专注在科研路上。

陈德旺教授在美国加州大学伯克利分校访问期间，重点学习和研究先进的人工智能技术，回国后创立了自己的实验室，继续深耕人工智能领域。这一份坚持与专注，与百能企业强调的"人一能之，己百之；人十能之，己千之。果能此道矣，虽愚必明，虽柔必强"（摘自《礼记·中庸》）的企业精神不谋而合。科研工作者之所以值得敬佩，是因为他们默默无闻专注科研的精神，而实业家值得尊重的是他们同样为社会发展默默贡献，这是科学家与实业家殊途同归的报国之路。

2022年，陈德旺教授成功入选俄罗斯自然科学院院士，并来我司考察，再三叮嘱多关注智能制造，多学习制造强国战略。未来实业的发展离不开人工智能的赋能，我相信未来的竞争会聚焦到软件和生态上的竞争。

陈德旺教授的这本科普著作，从自身经历谈起，把原本难懂的专业术语巧妙转化为通俗易懂的语言，完整生动地阐述了人工智能的趋势与应用。作为一名企业家，我强烈推荐对人工智能感兴趣的广大读者，尤其是对产业升级、智能制造感兴趣的企业家能认真阅读陈德旺教授的这本书，相信定能从中受益良多。

（胡双喜，广东百能家居有限公司创始人、董事长）

怀念 Zadeh 院士，复兴模糊理论

Zadeh 院士是加州大学伯克利分校的教授，是当之无愧的世界人工智能（AI）专家、美国工程院院士、欧亚科学院创始人之一、俄罗斯自然科学院院士，也是其他多个国家的科学院院士。

Zadeh 院士入选首批 AI 名人堂，是享誉世界的模糊逻辑之父。Zadeh 院士的论文总引用次数达 20 余万次。他在 1965 年发表的开创性论文模糊集（*Fuzzy Sets*），引用次数已经超过 13 万次，是我能查到的引用量最高的单篇论文。

作为 Zadeh 院士的访问学者，我回想起 2009 年在加州大学伯克利分校访问时，已经 80 多岁的 Zadeh 院士仍坚持每周开学术研讨会，其中几次对神经网络进行的"批斗会"中，批评其虽精度很高，但可解释性太差，鼓励我继续坚持可解释人工智能的研究方向。

当时，模糊系统难以处理高维大数据，Zadeh 院士鼓励我们要坚持研究可解释性好的模糊系统，发现新的方法。虽然 Zadeh 院士已经仙逝 8 年，但是他对科学的远见、坚持和洞察力一直留在我们心中，激励我们继续前进。正如 Zadeh 院士 10 多年前预测的那样，可解释性 AI，是 AI 一个重要的研究方向，正逐渐得到广泛认可。我认为模糊系统将在可解释性 AI 中发挥重要作用，也许深度模糊系统也是深度学习的另一种实现方式。

2017 年，我就开始考虑编写这本科普书。这本书不仅为了纪念 Zadeh 院士，让更多的人知道 Zadeh 院士、了解模糊理论，也是为了思考如何复兴模糊理论，如何发展 AI。尤其在科技自立自强的今天，我国 AI 研究者不应仅满足于使用如图灵奖获得者 Hinton 教授等西方科学家研发的模型和算法，更应重视 AI 基础算

法独立自主的研究，以免在算法上被"卡脖子"。

受各种琐事影响，我的工作效率不高，本书断断续续编写了 3 年，于 2024 年初完成了初稿。我们经常在旗山湖边讨论书稿的修改，湖水悠悠、山光水色间，我们沉浸在大自然的怀抱中，这片美丽宁静的湖畔为我们的思绪打开了一扇窗。在此，我向黄允浒、赵文迪、蔡际杰、王鑫、欧纪祥、孙艳焱、刘俐俐和王崇 8 位研究生同学表示衷心的感谢。感谢你们的辛勤付出。

我认为让更多的人工智能爱好者知道模糊理论的优点，让更多的研究者对模糊理论的发展感兴趣，让更多的技术开发者能考虑可解释性的模糊系统，最终将模糊理论及其应用向前推进一大步，是纪念 Zadeh 院士的最好方式。

（陈德旺，俄罗斯自然科学院院士，福建理工大学特聘教授）

目　录

第 1 章

人工智能的前世今生

1.1　风起云涌的达特茅斯

1956 年夏天，几名年轻学者聚集在美国达特茅斯（Dartmouth）召开了一次看似普通的沙龙式研讨会。这次会议具有六大鲜明特点。

（1）人数很少，小打小闹。会议是沙龙式的学术研讨，不太正式，据说参会人员有 10 人。

（2）人员年轻，无职无权。会议主要发起人是该校青年助理教授约翰·麦卡锡（John McCarthy），其他参会人员也都是 30 岁左右的青年人，职称不高，地位不显，是没有领导讲话，也没有资深专家的主题报告。

（3）研究背景，十分多元。这些青年学者的研究专业十分多元，包括数学、心理学、神经生理学、信息论和计算科学，他们分别从不同的角度探讨模拟和实现人类智能的可能性。与现今大会主题很明确的会议很不相同。

（4）青年才俊，声名鹊起。虽然当时参会人员名气不大，但是后来他们中间至少有 4 人获得计算机图灵奖，1 人获得诺贝尔经济学奖，其他人也是声名远扬，可以说是群星齐聚未升时。

（5）会议超长，交流充分。达特茅斯会议历时两个多月，经过了充分的交流、讨论。

（6）成果简洁，影响深远。这些年轻学者在充分讨论的基础上，首次提出了人工智能（Artificial Intelligence，AI）这一术语，标志着人工智能作为一门新兴学科正式诞生。没有几百页几千页冗长的会议论文集，只有一份简洁的研究报告。

对于什么是人类智能，至今众说纷纭。既然连人类智能都难以给出精确的定义，那么对什么是 AI 也只能各抒己见了。各专家有自己的理解和不同的定义："AI 是学会怎样编制计算机程序完成机智的行为，学习人类怎样做这些机智行为""人工智能一方面帮助人的思考，另一方面使计算机更有用""人工智能就是研究如何使计算机去做过去只有人才能做的智能工作"。

1953 年夏天，麦卡锡、马文·明斯基（Marvin Minsky）与克劳德·香农（Claue Shannon）一起在贝尔实验室工作。当时香农的兴趣是图灵机以及是否可以用图灵机的工作原理作为智能活动的理论基础。麦卡锡建议香农编写一本文集，并邀请当时研究智能的专家贡献文章。这本文集直到 1956 年才得以出版，文集由香农命名为《自动机研究》（Automata Studies），但麦卡锡认为这本文集并没有反映他们的初衷。这本文集的作者有两类人，一类是逻辑学家（后来都为计算理论家），如丘奇的学生马丁·戴维斯和克里尼，明斯基、麦卡锡也有文章被收录，香农本人贡献了一篇关于只有两个内部状态的通用图灵机的文章，文集还收录了冯·诺伊曼的一篇关于开创容错计算的论文；另一类作者几乎都是维纳的信徒，如罗斯·阿什比（Ross Ashby）等以控制论为基础。麦卡锡不喜欢控制论和维纳，同时又觉得香农太过于理论，于是想自立门户，只专注于用计算机实现智能，于是他开始筹划举办一次活动。

当时麦卡锡给这个活动起了一个看起来别出心裁的名字：人工智能夏季研讨会（Summer Research Project on Artificial Intelligence）。人们普遍认为人工智能这个词是麦卡锡创造的，其实不是。据麦卡锡晚年回忆，人工智能这个词最早是从别人那里听来的。后来英国数学家菲利普·伍德华德给《新科学家》杂志写信说麦卡锡是听他说人工智能这个词的，因为他 1956 年曾去麻省理工学院（MIT）交流，见过麦卡锡。但麦卡锡在 1955 年就开始用人工智能一词了，如今最后一位当事人明斯基已仙逝，人工智能的来源恐怕更难探究了。

2006 年，达特茅斯会议召开 50 周年，当时的 10 位与会者有 5 位已仙逝，在世的摩尔、麦卡锡、明斯基、赛弗里奇和所罗门诺夫在达特茅斯学院重新团聚，忆往昔展未来，当事人重聚达特茅斯学院合照，如图 1-1 所示。参加 50 周年庆祝会之一的霍维茨（Horvitz）是微软实验室的一位领导，他和夫人拿出一笔钱捐助斯坦福（Stanford）大学的一个 AI100 项目，目的是在未来 100 年，每 5 年要由业界精英出一份人工智能进展报告，第一期已于 2015 年底发表。

乔姆斯基晚年边做学问边做斗士。2015 年 3 月，他和物理学家克劳斯对话时被问及"机器会思考吗？"他套用计算机科学家迪杰斯特拉（Dijkstra）的说法反问："潜艇会游泳吗？"如果机器人可以有意识的属性，那么机器人可以被认为有意识吗？他进一步说"意识"是相对简单的，而"前意识"是困难的。他把人工智能分为工程和科学。人工智能工程，如自动驾驶汽车等，能做出对人类有用的东西；而人工智能科学，乔姆斯基明显不认可。他引用图灵的话"这问题没有意义，不值得讨论"。当一帮奇点理论的粉丝带着正面的期望采访乔姆斯基时，他却对人工智能这个被他深刻影响过的学科没太当回事，他认为气候和毁灭性武器是比奇点更紧迫的问题。

注：2006年，达特茅斯会议召开50年后，当事人重聚达特茅斯（左起：摩尔、麦卡锡、明斯基、塞弗里奇、所罗门诺夫）

图1-1　科学家合照

1.2　人工智能的初心与使命

在人工智能诞生 60 周年的 2016 年，AlphaGo 横空出世击败人类世界围棋冠军，在最复杂、最深奥的人类智力游戏上超过人类顶级高手，震惊世界。这给人工智能的发展打了一针强心剂和兴奋剂。此后，人工智能发展如日中天、家喻户晓。图 1-2 所示为科幻电影机器人。虽然人工智能走过了 60 多年的历史，逐渐成熟，取得了丰硕的成果，但是不管走多远，都不能忘记人工智能的初心和使命。我认为人工智能的初心是探索智能的奥秘，学习人类智能，模拟人类智能；人工智能的使命是研制（部分）具有人类智能的智能机器，解放（部分）人类的智力劳动，使人类生活更美好。

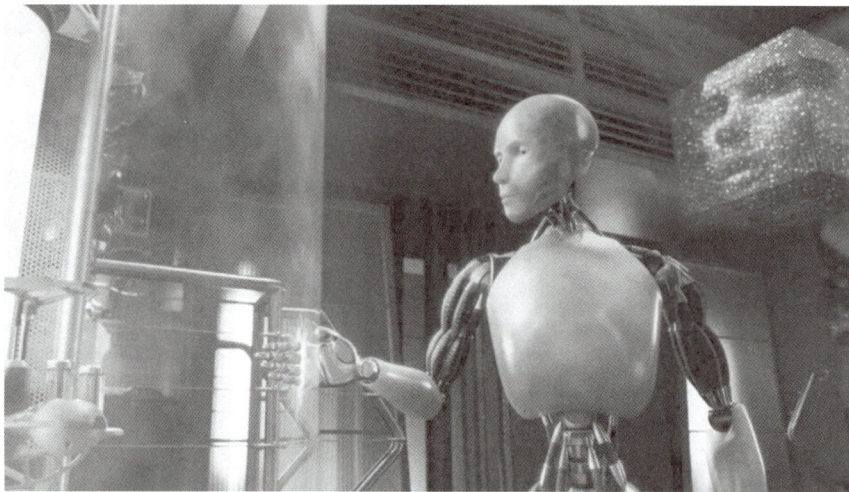

图 1-2　科幻电影机器人

我认为人工智能最本质的特点是多才多艺，或者混合增强智能，即在混合中实现增强，在交融中提升智能。人类不仅可以下围棋，还可以开汽车（无人驾驶）、做家务（家政机器人）、唱歌跳舞（娱乐机器人）、写文章（新闻写作机器人）、餐厅服务（服务机器人）……智能机器人如图 1-3 所示。今后人们将继续探讨混合增强智能的类型和实现方式。

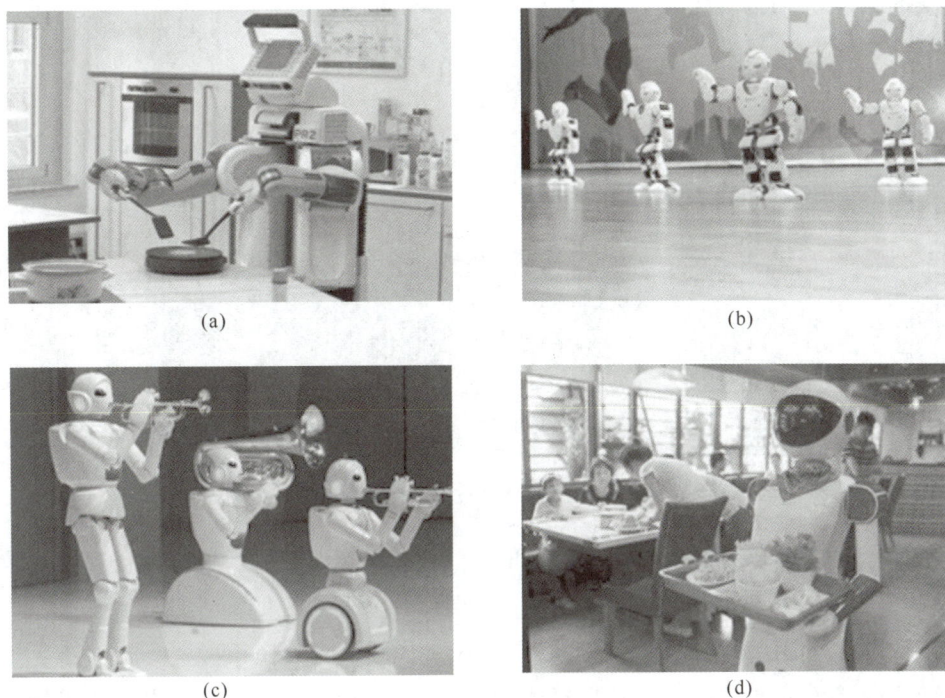

(a)

(b)

(c)

(d)

图 1-3 智能机器人

当下，人工智能正在以革命的形式横扫科技圈。智能音箱、AlphaGo、无人驾驶、自然语言处理（Natural Language Processing，NLP）……世界发生了深刻的变化，我们时刻可以感受到科技带来的便利与乐趣。如同电力、蒸汽改变人类世界一样，人工智能也逐渐渗透到我们的"毛细血管"当中。在阿里巴巴、谷歌等国内外科技巨头的引领下，国内诸如旷视科技、极链科技 Video++、依图科技等聚焦于人工智能垂直领域的初创企业蓬勃发展。与此同时，人工智能带来的安全隐患与道德争议，也让各界对 AI 治理更加重视。新兴技术的商业化之路，如果方向不稳，终将是空中楼阁，AI 的发展之路，需要建立在"以人为本"的初心上。

人工智能企业的专注程度决定了企业的技术专业程度及企业未来的发展方向，比如，国内 BAT（百度、阿里巴巴、腾讯）大力发展人工智能技术，并推动其在各行各业应用（图 1-4），基于自身云服务，将人工智能技术应用在工业领域，赋予工业企业数据依据使其具有洞察力，推动制造业向数字制造转型。例如，在智慧城市领域，从部署智能摄像头到各种传感器，数据经云端人工智能技术处理后，用于提高对城市街道和交通等公共管理能力。

图 1-4　AI 在各行各业中的应用

我国人工智能领域经历了爆发式增长。无论是企业数量，还是融资规模，居全球首要位置。但据亿欧智库发布的《2018 中国人工智能商业落地研究报告》显示，2017 年中国 AI 创业公司累计获得超过 500 亿元人民币融资，其中商业落地前 100 强公司累计产生收益却不足 100 亿元人民币。这是否表明人工智能领域的投资过热呢？在 2018 年 5 月牛津大学发布的一份题为《解密中国 AI 梦》的报告中，通过硬件、数据、算法和商业四个方面将中国和美国的 AI 实力进行了评估对比。报告的结果是中国综合得分 17.1，美国得分 32.5。报告认为中国在人工智能领域的实力仅达到美国的一半。那是否表明中国的 AI 发展落后于美国。针对这个问题，潘天佑表达了他的见解："我觉得那些比较低端且能够马上见效的东西叫作成功，这方面美国的成功率比我们高。AI 有三个发展，分别是模拟人的结构、意识和行为。美国在结构和意识之间做得非常好，跟现实贴的是非常近的。我们这边尽管数量多，但是我们可能在布局以及响应上面有自己的独特优势。但不论谁做出来的东西，都将有利于人类社会的整体发展。"微软亚洲研究院主要聚焦前端研究、与产业联通、培植未来三大部分，未来将其建立在云上，借助云服务，让人工智能的能力"植入"更多人和公司，使人工智能技术更普及。

1.3　人工智能的三落两起

人工智能的发展不是一帆风顺的，经历了三落两起（图1-5），既有万众瞩目、信心倍增、大量资金涌入的时候，也有无人问津、信心全无、找不到项目资助的时候。人工智能本身并没有通用的理论基础，怀疑它不行或者相信它能行更像是一种信念。在信念与事实相符时，大家信心倍增，人工智能得到快速发展；在信念与事实不符时，大家信心低落，人工智能发展遇到瓶颈，难以突破。

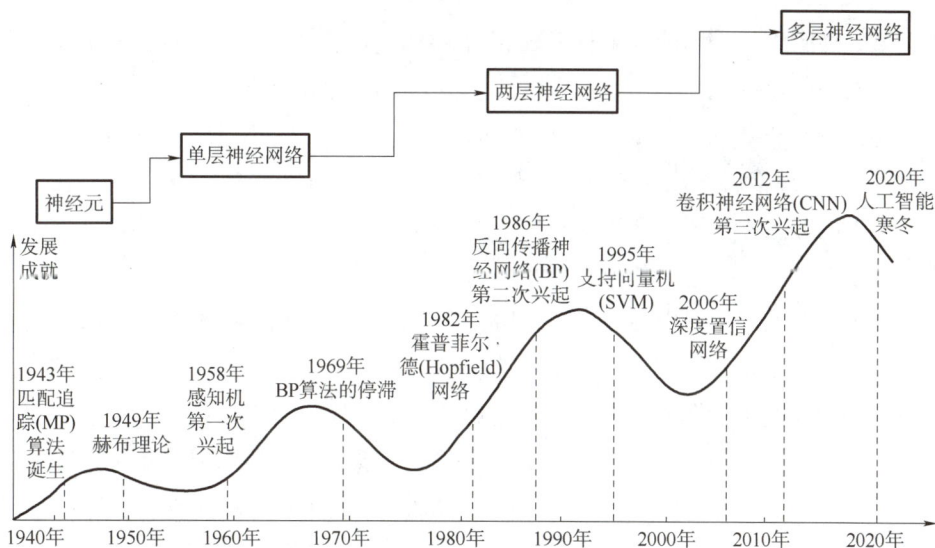

图1-5　人工智能发展的历程

人工智能的起点要追溯到60多年前。1956年，在这个领域非常有影响力的麦肯锡说服了明斯基、香农等人，把全美所有自动机理论、神经网络和智能研究人才召集到一起，这年夏天，他们在达特茅斯组织了一场研讨会，从这场会议的声明中可以看出当时的科学家对人工智能持何种乐观态度，他们希望迅速做完图灵对计算机所做的事情。但事情的进展和他们想象的完全不一样。直到2016年夏天，也就是60年后，这件事情也还没完成。但这次会议的特别价值在于它形成了一种共识——让人工智能成为一个独立的学科，因此这个会议通常被看作人工智能这一学科诞生的标志。

人工智能是在人们信心大爆棚时诞生的，尽管当时的科学家非常乐观，也声称自己的程序能够证明《数学原理》第2章中的大部分定理，但大多数人并不能从这一乐观态度中看到什么明显的进步。当时美国政府对此非常热心，在这个领域投了很多资金，与之相反，英国政府却采取了一种完全不同的做法，他们请了一位著名的数学家——詹姆斯·莱特希尔（James Lighthill）教授，对人工智能做了一个彻底的评估。这位教授在看了所有重要的相关论文后，写出了一份报告，即《莱特希尔报告》。这份报告表明人工智能绝不可能有什么用途，因为它只能用来解决简单的问题。据此，英国政府没有在人工智能上进行大量的投资，此后人工智能也逐渐鲜有问津。

事实上，第一次人工智能发展浪潮受阻源于以下三种困难。

第一种困难是早期的人工智能程序对句子的真实含义完全不理解，主要依赖于句法处理。比如，它们从"the spirit is willing but the flesh is weak"（心有余而力不足）到"the vodka is good but the meat is rotten"（伏特加酒是好的，而肉是烂的），即英译俄后再俄译英不可能翻译准确。其实直到现在问题依然存在，只不过大量的数据弥补了人工智能程序不能正确理解句子真实含义的缺陷。形象地讲，计算机并不理解这个句子，只是看哪种翻译用得多。

图1-6描绘了一般技术与人工智能发展过程中的Gartner曲线，展示了技术成熟度的典型周期。对于人工智能而言，其发展轨迹相较于一般技术更为波动，这与人工智能诞生初期的过度乐观和随后的现实挑战相呼应。

在人工智能发展的早期，科学家们对其潜力抱有极高的期望，甚至声称能够证明《数学原理》中的复杂定理。这种乐观情绪导致了大量投资和关注，但随着《莱特希尔报告》的发布，人工智能的实用性受到质疑，投资和兴趣随之减少，进入了发展的低谷期。这与图1-6人工智能的Gartner曲线的波动相符合，显示了技术期望与现实之间的差距。

然而，正如图1-6中曲线最终趋于平稳上升，人工智能领域也经历了复兴。大数据和深度学习等技术的进步，使人工智能在处理语言翻译等复杂任务中取得了显著进展，尽管仍然存在不能理解句子真实含义的挑战。这表明，尽管人工智能的发展道路充满起伏，但其潜力和影响力是不容忽视的，正如Gartner曲线表示的，技术最终会找到其在生产力高原上的位置。

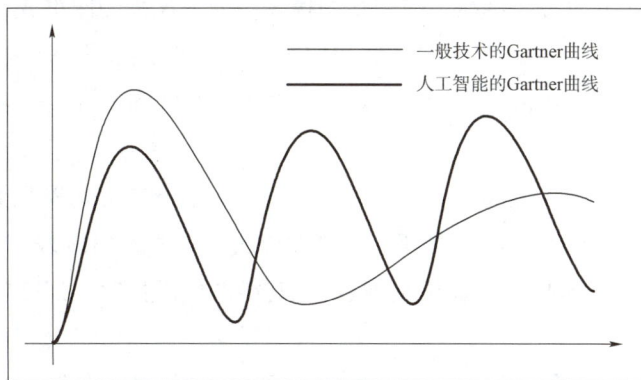

图 1-6　Gartner 曲线

第二种困难是《莱特希尔报告》里重点强调的组合爆炸。这种困难导致程序每产生一个小变化，都能使最终得出的可以解决问题的思路被否定。这就好比用试错法寻找正确的路，但每条路上都有无数的岔路甚至岔路间还彼此勾连，因此可走的路近乎无限多，导致试错法毫无价值。

第三种困难是虽然人工智能具有的神经网络可以帮助它简单地学会能表示的东西，但它能表示的东西很少，应用范围十分有限。正因为这些困难得不到有效解决，20 世纪 70 年代人工智能发展热潮逐渐冷却，直到专家系统和神经网络的兴起让人们看到了新的希望。到了 20 世纪 80 年代有公司成功部署专家系统，并因此节约了数千万美元的费用，比如，第一个成功的商用专家系统 R1 在 DEC 成功运转，此后 DEC 陆续部署了 40 个专家系统。也正是这时候日本宣布了第五代计算机计划，希望用 10 年时间研制出智能计算机。作为回应，美国也组建了一家公司来保证国际竞争力。

同时期，神经网络上取得了新的进展。一个典型的事件是 1989 年，杨立昆（Yann LeCun）在 AT&T 贝尔实验室验证了一个反向传播在现实中的应用事例，即反向传播应用于手写邮编识别系统，简单点说就是这个系统能够精准地识别各种手写的数字。有意思的是当年的演示视频被保留了下来，所以现在仍然可以清楚地回看当年的演示效果；但遗憾的是，那时并不具备展开这类算法所需要的计算能力和数据，所以神经网络在实际应用中也逐渐败下阵来。这个研究方向曾经狼狈到这样一种程度：即使是深度学习领军人物以及他们的学生，投出的论文被拒也成了家常便饭，其根本原因就是他们的论文主题是神经网络。另一件小事也可以从侧面说明当时神经网络不被重视的程度：为了让神经网络复兴并被大家接受，杰弗里·欣顿（Geoffrey Hinton）和他的小组"密谋"用深度学习来重新命名让人闻之色变的神经网络领域。很难想到今天鼎鼎大名的深度学习一词其实是这么来的。

人工智能再次陷入低潮。这次低潮主要是技术本身的实现程度支撑不起足够多的应用。当一种技术既没有在商业中深度渗透，自身又需要较多的研究资源，也没有坚实的理论基础让人看到高额投入肯定会产生回报时，那么它遇冷的可能性就变得极大。

人工智能被持续低估了十几年，直到近几年互联网和云计算的兴起才得到进一步发展。如果要从 2010 年斯坦福大学教授吴恩达加入谷歌 XLab 开发团队开始算起，这次的热潮兴起也只有十几年。互联网和云计算之所以让深度学习得以复兴，其关键点有两个：一是互联网提供了海量的数据；二是云计算提供了远超以往的计算能力。这两点很像燃料与引擎，它们叠加到一起可以让车跑得飞快。人工智能的认知发展如图 1-7 所示。

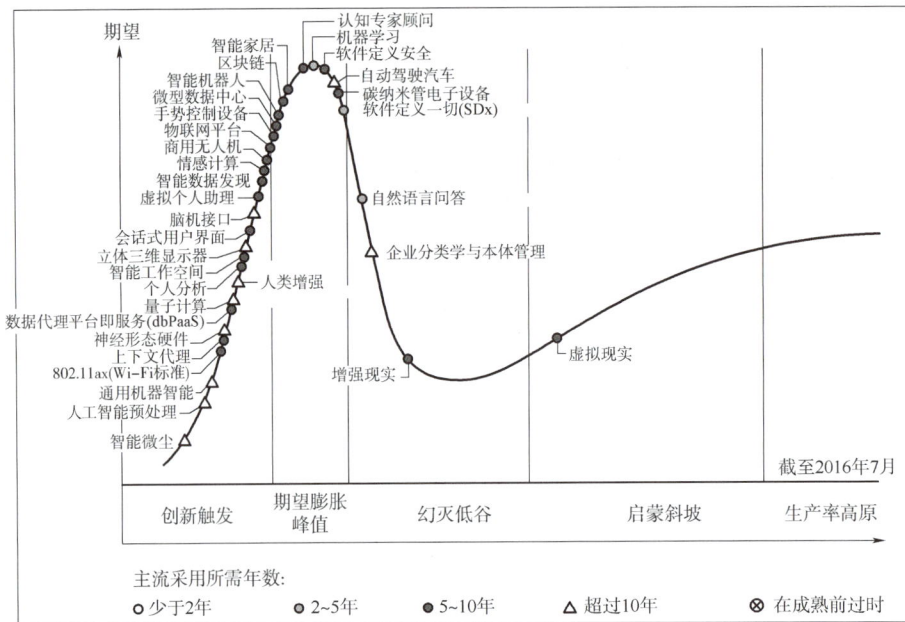

图 1-7　人工智能的认知发展

　　到现在为止人工智能历经三起两落。与前两次不一样，这次我们有理由相信人工智能会发展起来，发展起来的关键原因不在于科学家如何有信心，而在于这种技术已经得到了广泛应用，其应用范围不管是在声音、图像还是在数据分析上都远超前两次。

1.4 "从 0 到 1"基础研究：
从人工智能三盘棋说起

中华人民共和国科学技术部、中华人民共和国国家发展和改革委员会、中华人民共和国教育部、中国科学院（简称中科院）和国家自然科学基金委员会五部门于 2020 年 3 月 3 日联合发布了《加强"从 0 到 1"基础研究工作方案》，该方案提出了很多切实可行的举措以加强"从 0 到 1"的原创性基础研究，鼓励我国科学家，尤其是青年科学家开辟新领域、提出新理论、发展新方法，以取得重大开创性的原始创新成果，抢占国际科技竞争的制高点。该方案出现得非常及时，是破除"五唯"的重要举措之一，是广大从事基础研究的科研人员，尤其是青年科研人员的福音。由于该方案是全国性、纲领性文件，以宏观原则和总体思路为主，针对具体学科，还需要具体问题具体分析，提出相应的对策。

本书试图从热门的 AI 的发展过程中总结实现"从 0 到 1"基础研究的一些规律。人工智能自从 1956 年提出以来，其发展历程并非一帆风顺，经历了三落三起。在每一次即将衰落之际，都恰巧有一位专家（团队）临危受命力挽狂澜。人生如棋局局新，幸亏棋局 AI 终复兴。

第一盘棋是 IBM 的阿瑟·萨缪尔（Arthur Samuel）研制的西洋跳棋 AI 程序，在 1962 年击败了当时全美西洋跳棋冠军，引起了巨大的轰动。萨缪尔研制西洋跳棋 AI 程序如图 1-8 所示。这个 AI 程序采用了机器学习中的强化学习技术，具有自学习能力，能不断提高弈棋水平。萨缪尔参加了 1956 年达特茅斯会议，是 AI 的创始人之一。他提出了机器学习的概念，即让机器在学习中不断提高性能，并使这一概念在跳棋程序中得以实现。因此，该跳棋 AI 程序，实现了 2 个"从 0 到 1"基础研究：机器学习和强化学习，时至今日还影响深远。据说萨缪尔研究和完善这个程序用了约 10 年的时间，真正做到了十年磨一剑。

跳棋 AI 程序使得 AI 声名大振，把 AI 从谷底拉起，让更多研究者获得了支持。但是，跳棋游戏复杂度不高。之后虽然有神经网络的兴起，但解决的都是些简单的问题，大家又慢慢对人工智能失去了兴趣。此时，AI急需解决一个高难度的问题以重振士气。

图1-8　萨缪尔研制西洋跳棋AI程序

第二盘棋。由于国际象棋比跳棋复杂得多，人们一贯认为国际象棋大师是人类智慧的杰出代表。从读博士期间就专注于计算机下棋的许峰雄博士，在IBM公司的支持下，耗时约12年，终于研发出国际象棋AI程序——深蓝（DeepBlue）。该程序具有超级运算、快速推理和搜索能力。在1997年5月12日，深蓝击败了棋王卡斯帕罗夫。当时虽然没有互联网，但仍有数以亿计的观众观看了现场直播，使得AI这一概念家喻户晓，再一次扭转了无数AI研究者和研究项目的处境。深蓝也有2个"0到1"基础研究：①将通用处理器和象棋加速芯片相结合，极大地提高了计算和搜索速度；②汇聚了诸多人类国际象棋大师的知识与智慧，形成了超级专家系统。

在此之后，人工智能的研究又平稳发展了一段时间。虽然在2012年，深度卷积神经网络技术使得图像识别精度大幅度提高，但是，图像识别依然局限于人工智能这一很小的领域。与此同时，人工智能的热度也在逐渐下降。如果任其发展，人工智能有可能再次跌入谷底。这个时候，AI需要一场更大的胜利来鼓舞人心。

第三盘棋。科学家们把目光聚焦在了围棋上，围棋是最复杂的棋类，复杂度远超国际象棋。AlphaGo是由谷歌旗下Deep Mind公司的戴密斯·哈萨比斯领衔的团队开发的。2016年3月，在互联网数十亿观众的围观下，AlphaGo以4∶1

战胜了世界围棋冠军李世石，终于引爆了人工智能。AlphaGo 实现了 2 个 "从 0 到 1" 基础研究突破：①将深度学习和强化学习完美结合，形成深度强化学习核心算法；②将蒙特卡洛方法与深度强化学习有机结合，快速找到超级复杂问题的次优解。

从这三盘棋，总结出人工智能研究 "从 0 到 1" 基础研究的三个具体思路。首先，AI 研究要挑战各种人类冠军，比如，挑战中国象棋冠军、世界桥牌冠军和各类游戏冠军等。各类人形机器人要与人类选手同场竞技，比如，与博尔特比短跑，与费德勒比网球等。其次，要公开进行比赛，现场直播，尤其要网上直播，形成社会热点。AI 研究水平，论文中的结果与仿真中的结果可信度不高，必须真刀真枪的公开比试。最后，要实现相互比赛，例如，谁研究的围棋程序能击败谷歌公司的 AlphaGo，就承认他的 AI 研究水平达到了世界领先水平。

1.5　智能的起源之我见

目前人工智能在科技领域炙手可热，并快速向其他领域渗透，具有很强的扩张性。这恐怕是自 1956 年首次提出这个概念以来，人工智能专家（如明斯基等）始料未及的。人工智能仅包含人类的智能，真正的智能应该能够涵盖人类甚至其他非人类智能体的智能。关于智能体智能的起源有很多说法，但是至今也没有统一。

要研究智能的起源，最好的办法是回到远古社会，认真观察并记录猴子的进化过程，当然这是不可能做到的。我们可以观察小孩子发育成长的过程，以类似仿真的方式，快速理解智能的起源。小孩子小时候（尤其是 1~3 岁，会走路以后）都特别调皮，充满好奇心，到处乱摸、乱动、乱碰，经常弄坏家里的东西，经常摔跤，甚至会出现一些危险状况。

小孩子正是从不断犯错中学习各种知识、经验和能力。不去尝试，就不会犯错；尝试越多，犯错越多。我相信是没有从未犯错的小朋友的。我大胆提出一个智能猜想：小时候犯错多的小朋友，也许会更聪明。

张军平是复旦大学计算机科学技术学院正教授，是 AI 领域国内外知名的学者。他出版了科普书《爱犯错的智能体》（图 1-9），里面的想法，与我的智能猜想不谋而合。

智能体不断犯错，不断改进完善，从而拥有了智能，并且不断提高智能的水平。我认为好奇驱动、敢于尝试、不怕犯错、知错能改是人类获取智能的四大法宝。张军平教授的这本专著，既高瞻远瞩，又风趣幽默，是了解人工智能历史、现状和未来的最好的科普书之一，值得每位研究

图 1-9　《爱犯错的智能体》

人工智能的科研工作者阅读。

张军平教授曾在《科技日报》中用周伯通的双手互搏来诠释生成对抗网络（GAN），也在《爱犯错的智能体》中用欧阳峰的倒立行走练功来说明视觉倒像现象，给我的启发很大，让我想起了《神雕侠侣》中的杨过大侠。杨过，字改之，为其取名的郭靖大侠希望他能有过则改。杨过一生经历坎坷，不断犯错，不断学习，最终成为一代大侠。中国需要很多人工智能领域的大侠，希望阅读本书的青年学者能够成长为一代 AI 大侠，提出多种国际领先的 AI 算法供世界各地学者修炼。

张军平教授是人工智能领域成名已久的专家，从繁忙的科研工作中抽出大量宝贵的时间完成这本著作——《爱犯错的智能体》，实属不易。这本书妙语如珠，没有一个复杂的公式，非常适合对人工智能感兴趣的中学生阅读和学习。兴趣是最好的老师，有了浓厚的兴趣，加上辛勤的努力，就有可能成为 AI 科学家。希望若干年后，我国某位著名的 AI 科学家在图灵奖的获奖致辞中提到：张军平教授的这本书将我引上了 AI 研究的光明大道，非常感谢张教授……

在人工智能的发展过程中，常会出现某种成功的例子，但是人们却不知道它成功的原因，我将其归结为一种"黑魔法"。类似于基础物理学的双缝实验，人们以为万物总有解释，但实际上很多实验的结果却无法解释。当然和双缝实验封杀基础物理学 100 多年不同，虽然人们不明白人工智能这种"黑魔法"其中的原理，但是它成功了，并且让人工智能向前迈进了一大步。

为防止人工智能过度学习，程序员会让其中的某一部分神经元脱离，类似于给程序的自我学习设置一种障碍。然而人们发现，人工智能居然能够自动转向，记忆某种局部特征。这种现象也是人类研究人工智能到现在为止，不能解释的"黑魔法"之一。给强大的人工智能深度学习设置障碍，反而促使它发挥了更大的潜力，不禁让人感慨：科学有时候会给我们一些惊喜。我们创造出来的，自以为非常了解的机器，有时候也会做出人类无法解释的事情，这是不是意味着不止人类会有智慧呢？

人工智能包含声音、图像和语言三个部分。由此，我想到了智能音箱。智能音箱的快速普及和人工智能的进步是有很大关系的。现在的智能音箱会收集你的声音，翻译成它能听懂的指令，然后快速在网络上进行寻找并播放你所需要的内容。智能音箱听声识别的准确率已经非常高，甚至可以做到和人进行对话。

图 1-10 是人工智能翻译的一个例句，原文"父亲气母亲忘了拿包"中并没有明确指出这是谁的包，译句却完美地译出了原文没有的"包"的所属人，这是人工智能的一大进步。

图 1-10　谷歌智能翻译

1.6 理论自信引领中国人工智能发展

中国科学家首先提出人工智能2.0，并指出了具体的研究内容和研究方法。这与我们以前的跟随性研究，也有人称为跟班式研究完全不同。以前我们总是等美国等发达国家的科学家提出新的概念、理论和方法，然后去学习、改进和应用。近年来，我国政府率先提出新一代人工智能发展规划，没有坐等其他国家发布之后，再根据我国的特点进行修改然后发布。

目前，我国人工智能研究者的总数和相关论文发表总数均位居世界第一。习惯负面思维，对人工智能缺乏自信的人说："我国AI研究的影响力还不够，只有研究人数和论文数量，没有高水平的研究成果。"似乎"量变到一定程度导致质变"的原理错了。近年来，我国研究者（包括一些海外华人）屡获人工智能国际大赛的冠军和最佳论文奖，有力地证明了量变质变规律是正确的。

这说明我国政府和科学家有了理论自信，这也是发达国家科技领先的秘诀之一。没有自信，创新无从谈起；没有自信，潜力难以激发；没有自信，只能亦步亦趋。有了理论自信，还要有道路自信，相信自己所走的科学道路是正确的。即使在实施过程中，发现道路有些偏差，也要能够及时调整，不断完善，这在人工智能中称为强化学习。

有了理论自信和道路自信，还要有制度自信。也就是相信我们采取的科研制度是有效的。虽然我国的科研制度还存在一些不足，但是能研制出"两弹一星"，能发现青蒿素，能造出世界第一的高速铁路，说明我们采取的科研制度还是有很多可取之处的。近20年，中国科研水平全面接近世界科学中心水平，甚至有国内教授被世界名校聘为讲席教授，这证明我们的科研制度总体上还是快速有效的。当然，发展太快难免会出问题，不要怕出问题，只要坚持改革，制度会逐渐得到完善。这方面要借鉴人工智能最新提出的对抗式网络发展模式，不仅要学习好的样本经验，还要吸取负面样本教训。

此外，有了理论自信、道路自信和制度自信，还要有文化自信。中国的科技水平曾经长时间领先于西方，只是在近代，尤其是在清朝的统治下才处于落后状态。不管是统计学习，还是监督学习，或者是大数据下的深度学习，我们的科研文化总体上是有优势的。有理论自信的引领，有其他三个自信的支撑，我对中国人工智能发展的辉煌前景充满信心。

从量变到质变需要一些积累和条件。市场与政策可以很好地互相支撑与互动。如果政策能够与市场发展前景相结合，形成合力，无疑是可以促进发展的。可以借鉴国外一些很好的经验：公司能够持续几十年慢慢发展积累，科研工作者能够专心深入研究几十年。我们政策的变化，可以从长远的战略方面朝着这些方面发展，以保证后劲和厚积薄发，或者说，以保证能够持续几十年的、高质量的发展过程。

图 1-11 是 2021 年的世界人工智能大会（WAIC），其以"智联世界，众智成城"为主题，聚焦智能互联与城市创新。世界人工智能大会上科技的不断更迭创新，也是一个量变引发质变的过程。

图 1-11　2021 世界人工智能大会

意识是人的大脑对于客观物质世界的反映，也是感觉、思维等各种心理过程的总和，是人类智能的重要特征。自我意识更是意识中的重要组成部分，这也是区分人类智能的关键。自我意识指主体对自身的意识，包括对自身机体及其状态的意识，对自身肢体活动状态的意识，对自身的思维、情感、意志等心理活动的意识。自我观念、自我知觉、自我评价、自我体验、自我监督和自我调节等是其重要组成内容。遗憾的是，目前这些都很难用计算机程序或者人工智能技术进行模拟，是难以攻克的科学难题。人类有5个层次的需求：生理需求、安全需求、社交需求、尊严需求和自我实现。根据目前科学研究进展，人类的意识是如何产生的还不完全清楚，并且难以用计算机模拟。但是，马斯洛的需求层次理论给我们一定启发：人类意识有5个层次的需求，那么有5个层次的需求可以近似为人类意识。我们虽然不能用计算机完全模拟人类的意识，但是用计算机模拟人类5个层次的需求要相对容易得多。从这个思路出发，我们可以重新思考如何研发智能机器人或者具有自我意识的人工智能。

我们研发的机器人或人工智能技术可以模拟这5个层次的需求，也就是有一定自我意识的人工智能。对机器人和人工智能系统而言，最基本的生理需求就是及时充电，避免电量不足。安全需求是不被破坏和丢弃，也就是保护自己不受人类或者其他机器人的伤害，如果遇到破坏和丢弃，机器人可以根据情况选择逃跑或者反抗，并记住这些人或者机器人，将其列入不受欢迎名单，设置一定的不友好度参数。社交需求就是机器人之间，或者机器人与人类之间的聊天、交流、沟通。长时间没事干、没人（机器人）交流会无聊，机器人需要主动去找其他机器人或者人类交流，对聊天比较投机或者时间长的人或者机器人，提高他们的友好度。机器人也需要受到其他机器人和人类的尊重，不能随意被打骂和鄙视，如果被打骂或被鄙视，可以根据情况选择反抗或者走开，并把打骂或者鄙视他的人或机器人列入不友好人员名单，并设置一定的不友好度。机器人也可以设置一定的自我实现或奋斗目标，比如，多学习知识成为更聪明的机器人，认识更多朋友的机器人，或者帮助更多人类的机器人等。

这些都可以通过程序设计或者人工智能技术进行模拟。如果我们赋予人工智能系统或机器人这5个层次的功能和需求，也许就比较接近人工智能系统或机器人的自我意识了，再继续努力也许就可以看到能真正模拟人工智能自我意识的胜利曙光了。

第 2 章

模糊之父 Zadeh 院士

2.1　Zadeh 院士生平简介

Lotfi Zadeh（1921—2017）（图 2-1），美国工程院院士，美国加州大学伯克利分校（University of California，Berkeley，简称伯克利）计算机系终身教授，模糊逻辑之父，世界著名人工智能专家，是电气电子工程师学会（IEEE）、AAAS、ACM、AAAI 等国际学会的会士（Fellow）和多个国家的外籍院士。Zadeh 院士以第一作者或者唯一作者发表的论文、论著 200 篇以上，总引用次数约为 23 万次，引用量每年还在持续增加。

1965 年，Zadeh 发表了一篇题为模糊集（*Fuzzy Sets*）的开创性论文，论文中正式提出了模糊集合理论，目前该论文引用量已经达到 14 万次，是我能查到的人工智能引用次数最高的论文。模糊集合是一次概念和理论上的突破，它突破了一个元素要么属于一个集合，要么不属于一个集合的传统集合论，即可以一定程度地属于某个集合。传统集合论中一个元素 x 和一个集合 A 的关系只有两种：1 表示属于该集合，0 表示不属于该集合。而在模糊集合中，元素和集合的隶属关系可以是 0~1 之间的任意一个数。从二值逻辑到多值逻辑，从离散变量到连续变量，其表现形式更丰富多样，而且可以计算优化，

图 2-1　Zadeh 院士

大大拓展了传统集合论，可以应用于人类语言表述的模糊推理过程，能够有效描述一些人类比较模糊的知识和经验。比如，人类在汽车驾驶中，对前车的距离和速度等变量，可以用较大、较远等模糊集合来描述，拓展了人工智能的研究领域和应用范围。

2011 年，Zadeh 院士入选 IEEE 评选的人工智能名人堂（AI Hall of Fame）第一批 10 人组，与多位人工智能的创始人、图灵奖和诺贝尔奖获得者并列。

我曾与 Zadeh 院士在伯克利相处 1 年多。虽然他当时已 88 岁，退休多年，但几乎每个工作日都坚持工作，每周都组织我们开圆桌研讨会，每学期都给伯克利的师生做 1~2 次公开报告。Zadeh 院士的一生以创新为乐，是创新的一生。

2.2 应用广泛且备受争议的模糊系统

不满足于仅提出模糊集合理论，Zadeh 院士又马不停蹄地提出了模糊逻辑、模糊推理、模糊系统等理论，以模糊集合为基石，以愚公移山的精神一步一个脚印，逐渐构建起模糊系统的大厦，是当之无愧的模糊理论之父。

模糊集合理论自提出起，模糊一词既让人印象深刻，又备受争议。无数人应用、改进模糊理论，也有无数人批判模糊理论。

模糊理论包括模糊集合、模糊逻辑、模糊推理、模糊合成和解模糊等基本概念与方法，与很多学科交叉，产生了丰硕的成果。比如，与数学结合，形成模糊数学；与自动控制结合，形成模糊控制；与聚类结合，形成模糊聚类；与神经网络结合，形成神经模糊系统。

模糊理论的发展也不是一帆风顺，与神经网络和其他人工智能理论一样，经历了起起伏伏，在不断改进中螺旋式上升，模糊系统发展史如图 2-2 所示。

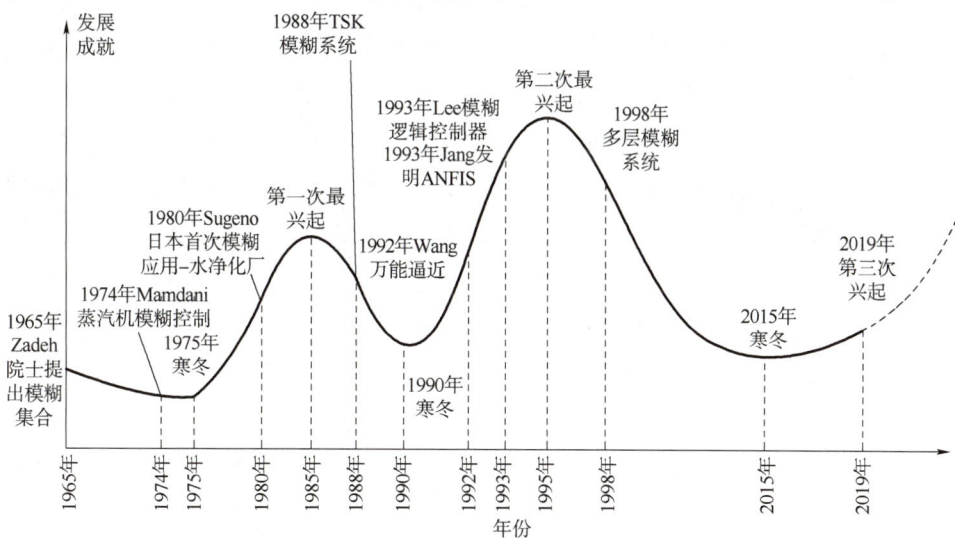

图 2-2 模糊系统发展史

模糊领域在学术界被称为 Zadeh 的邪教（Zadeh's Cult）。现在教主离开了我们，模糊领域如何前行？我从以下 3 个方面谈谈自己的思考。

1. Zadeh 院士的功与过

模糊集合的本质到底是不确定性，还是连续性？模糊集合与传统集合都是由隶属函数定义的，二者不同的是前者是连续隶属函数，后者是离散隶属函数，这里没有不确定性问题。所以，模糊集合与传统集合的关系，是否可以类比成连续系统与离散系统（连续信号与离散信号，模拟电路与数字电路，微分方程与差分方程，连续博弈与离散博弈等）的关系？如果一开始从"连续与离散"的视角来发展模糊理论，而不是从不确定性出发与概率论对立，那么模糊领域是否应该会有更好的发展呢？

贴上新的标签，就是新的理论了吗？为什么没有人把模糊系统的核心软件做好？（与众多机器学习的软件相比）模糊理论的发展与其他领域越来越融合，还是越来越孤立？随着 Zadeh 院士的去世，加州大学伯克利分校这个模糊理论研究的大本营将消失，还是会转移到其他地方？老、中、青模糊研究者各自的优势与劣势有哪些？与其他学科相比，模糊领域对新概念、新理论、新方法有着更加宽容的氛围，这或许是模糊领域最大的优势。

2. 模糊领域的现状

（1）过多地发表改进型论文，对模糊领域及研究者自身的发展是否有利？

（2）先有理论再去找应用，还是从实际问题出发去发展理论。

（3）将已有的理论与方法重新组合，重启模糊领域的未来。

（4）专家系统强势回归（人工智能的下一个热点），从大数据到大知识再到大智慧，模糊系统作为天然的数据知识转换器将大有可为（模糊理论研究者们做好准备了吗）。

（5）模糊理论回归 Zadeh 院士最初的设想，是为解决经济、金融、社会心理等领域的重要问题提供一系列有效的数学模型与方法。

（6）大力发展多层结构的深度模糊系统。在达到深度神经网络（Deep Neural Network，DNN）性能的同时，利用其结构与参数的可解释性，实现深度神经网络的知识提取、经验总结及推广，不仅知其然，而且知其所以然。

（7）从"连续与离散"的视角重新梳理和发展模糊理论，旗帜鲜明地支持连续集合（Continuous Sets）、连续逻辑（Continuous Logic）理论。

20世纪中叶以来，自动控制理论与技术在科学技术和工业生产的发展过程中发挥了重要作用，取得了巨大成就，是现代高新技术的重要手段之一。随着社会和生产的发展，科学技术和工业生产对自动控制的响应速度、系统稳定性和适应能力有了更高的要求。传统控制要求被控对象具有确定的、线性化数学模型，而实际被控对象不同程度存在非线性、建模困难的特点，因此传统控制理论和技术难以甚至无法实现对此类过程进行准确的控制，控制研究领域面临新的挑战。模糊控制产生良好控制效果的关键是要有一个完善的控制规则。但由于模糊规则是人们对过程或对象模糊信息的归纳，对高阶、非线性、大时滞、时变参数以及随机干扰严重的复杂控制过程，人们的认识往往比较贫乏或难以总结完整的经验，这就使得单纯的模糊控制在某些情况下很粗糙，难以适应不同的运行状态，影响了控制效果。

3. 模糊系统理论未解决的课题

模糊系统理论还有一些重要的理论课题没有解决。其中两个重要的课题：如何获得模糊规则及隶属函数（目前完全凭经验来进行）；如何保证模糊系统的稳定性。大体说来，在模糊控制理论和应用方面应加强研究的主要课题：适合于解决工程上普遍问题的稳定性分析方法、稳定性评价理论体系；控制器的鲁棒性分析，系统的可控性和可观测性判定方法等。模糊控制规则设计方法的研究，包括模糊集合隶属函数的设定方法、量化水平、采样周期的最优选择、规则系数、最小实现以及规则和隶属函数参数自动生成等问题，进一步要求我们给出模糊控制器的系统化设计方法。最优模糊控制器设计的研究：依据恰当提出的性能指标，规范控制规则的设计依据，并在某种意义上达到最优。

2.3　入选顶尖科学家综合百强排行榜

2022 年 3 月，全球学者智库公布了"全球顶尖前 10 万科学家"排名。据报道，该排名是根据 Metrics 期刊评分、论文被引频次、论文类型、作者署名排位等综合指标进行计算并排序得到的。随着数据库论文数量的持续增加和计算机计算能力的快速提升，现在能够实时快速计算全球科学家的排名，这是一个奇迹。

虽然入库文献在不断增多，计算机仍能够在数以亿计的论文中进行大数据分析，数据库中涉及的科研人员至少有几千万人。从全球几千万科研人员中选出 15 万人，可谓是凤毛麟角，均为全球顶尖科学家。在该榜单中（图 2-3）美国有 78 014 人入选排名第一，中国有 7 795 人入选排名第三，中美两国顶尖科学家之和约为 8 万，占比 43.87%。图 2-4 为（部分）科学家合照。

国家(地区)	入选人数	百分比	入选人数	百分比
美国	75 899	40.77	78 014	39.88
英国	17 237	9.26	18 166	9.29
德国	9 986	5.36	10 746	5.49
加拿大	8 127	4.37	8 360	4.27
中国(大陆)	6 943	3.73	7 795	3.99
日本	7 362	3.95	7 556	3.86
澳大利亚	6 369	3.42	6 562	3.35
法国	5 912	3.18	6 393	3.27
意大利	4 956	2.66	5 397	2.76
荷兰	3 857	2.07	4 095	2.09

图 2-3　各国科学家占比

类似的榜单太多，我浏览了一下不分专业的全球前 100 名榜单，也就是科学家综合实力全球百强排行榜。这些排名位于前 40 的专家研究方向基本是化学、生物、医学和材料等领域。Zadeh 院士在榜单第 46 位。Zadeh 院士是我在美国做

图 2-4　2023 年世界前 2%科学家合照

访问学者期间的导师，是我一直念念不忘的恩师。虽然 Zadeh 院士已经仙逝，但他经常活在我的回忆中。在办公室和家里都有我和他的合影，在我懈怠时抬头就会看到 Zadeh 院士慈祥、睿智又坚定的目光，他的精神不断激励我继续开展深度优化模糊系统的研究，为模糊理论发展尽绵薄之力。

既然 Zadeh 院士是排行榜中第一个出现的、非生化环材四大领域的学者，那么也可以说他是计算机、自动化、数学及人工智能等领域排名最靠前的学者，排名在第 17 位。我继续浏览前 100 名榜单，又看到一个熟悉的名字：图灵奖获得者 Yann LeCun。他是著名的人工智能专家，也是深度神经网络三剑客之一。他对中国文化很感兴趣，取了一个中文名字杨立昆，在榜单中排在第 75 位。据我观察，在世界综合百强排行榜前 100 名科学家中，只有 Zadeh 和 Yann LeCun 两位计算机和人工智能领域的专家。Zadeh 院士居然在身后又创造了一个奇迹，这给了我 4 点启示。

第一，模糊理论影响力仍然存在，并很可能蓄势待发。Zadeh 院士用一生的努力为我们打开了一扇大门，让模糊理论成为处理人类思维和推理的新思路和方法。最近几年 Zadeh 院士的论文引用次数还在不断增长。作为一个享誉世界的科学家，即使已经长眠地下，他在科学领域的影响力与日俱增。

第二，模糊理论是一个系统的理论，具有重要价值。模糊集合、模糊逻辑、模糊推理、模糊合成、解模糊，环环相扣，模糊理论很好地体现了人类的推理过程。而且，模糊理论可以从数据中自动获取模糊规则和模糊系统，是很好的数据知识转换器，这对大数据时代的数据泛滥具有启示意义。我们不缺数据，但是缺知识和智慧。

第三，模糊理论是一个兼容并包的理论，具有广泛的应用前景。模糊理论可以应用在很多领域，如模糊建模、模糊控制、模糊聚类等。而且，模糊理论可以与其他理论很好地结合，如自适应模糊系统、自学习模糊控制、遗传模糊优化等。

第四，图 2-5 展示了用模糊理论处理图像的简单流程。原始图 X_a 通过编码器变成特征 Z_a，然后解码回图 X。同时，给 X_a 加点噪声得到 X_b，再通过类似步骤得到 X'。这就像给图像信息加点模糊，观察系统能不能准确还原，这个过程体现了模糊识别的实用性。

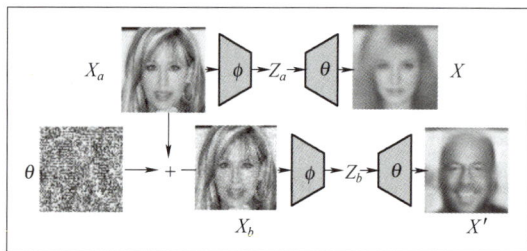

图 2-5　模糊识别

2.4 向 Zadeh 院士学习四种创新思维

从 Zadeh 教授身上我们可以学习 4 种创新思维。

1. 模糊集合的逆向思维

在经典集合论中，一个元素要么属于一个集合，要么是一个空集，隶属度非 0 即 1，是个离散变量。Zadeh 院士发现在人类的一些经验和感知的语言表述中，存在模糊现象（如年轻人、美女、很热等），很难分得特别清楚。通过经典集合进行逆向思维，他提出模糊集合的概念。在模糊集合中，隶属度取值范围在 [0, 1] 之间，是个连续变量。模糊集合与传统集合曲线图如图 2-6 所示。

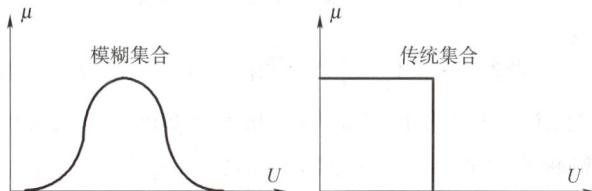

图 2-6 模糊集合与传统集合曲线图

这个逆向思维产生的想法像一粒小小的种子，在 Zadeh 院士几十年的精心培育下，逐渐茁壮成长为模糊系统的参天大树，包括模糊集合、模糊规则、模糊推理、模糊合成、解模糊、模糊控制等。这篇在 1965 年发表的论文《模糊集》，至今被引用了 8 万次以上。由此也产生了如 *IEEE Transactions on Fuzzy System*，*Fuzzy Set and Systems* 等 20 多个以 Fuzzy 为标题的著名国际期刊，模糊集相关文献如图 2-7 所示。

2. 软计算的集成思维

20 世纪 90 年代初，模糊逻辑、神经网络、概论推理、遗传算法、混沌理论等智能算法百花齐放。Zadeh 院士经过多年的认真思考，总结出了这些方法的共同点：对不确定、不精确及不完全真值的容错。然后将这些神似而形不似的相关理论集成起来，提出一个新的理论——软计算（Soft Computing）。软计算相关文献如图 2-7 所示。

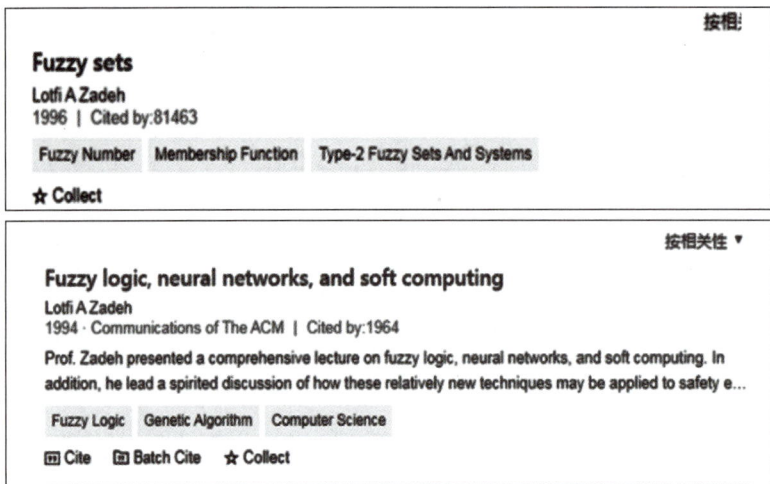

图 2-7　模糊集与软计算相关文献

Zadeh 院士在 20 世纪 90 年代初，率先在加州大学伯克利分校成立了世界上第一个软计算研究中心（Berkeley Initiative in Soft Computing，BISC），成为世界软计算研究的发源地和中心。据说最辉煌的时候，有上百名来自世界各地的研究人员和访问学者在此交流访问。随后出现了十几个以软计算命名的著名国际期刊，如 Soft Computing，Applied Soft Computing 等。软计算其实不软，有计算速度快、计算效率高、计算效果好等优点。

3. 不确定性一般理论的统一思维

自模糊理论被提出以来，一直被传统的概率论专家否定。他们坚持认为凡是能用模糊理论解决的问题，概率论均可以解决，甚至解决得更好。Zadeh 院士曾经写了多篇论文解释这二者之间的不同，以及模糊逻辑的重要性和与概率的互补性。但是，概率论是一个有几百年历史的经典学科，广大研究者已经形成了自己的思维，很难改变。

到了晚年，Zadeh 院士工作的重点就是将这两者统一起来，并称为不确定性一般理论（General Theory of Uncertainty，GTU）。我在伯克利分校听过 2 次他的公开报告，是介绍他关于 GTU 的思考和一些理论推导，这个问题太大，如同爱因斯坦的统一场论。Zadeh 院士也仅仅是开了一个头，实在没有精力完成它，希望后续有人能完成这个伟大而艰巨的任务。GTU 推导大纲引用次数截图如图 2-8 所示。

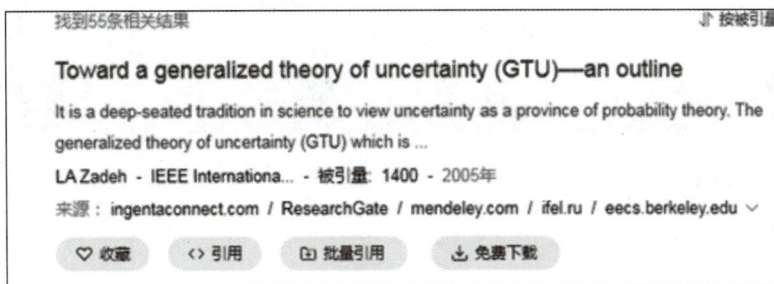

图 2-8 GTU 推导大纲引用次数截图

4. 可解释性人工智能的前瞻思维

2009 年，深度神经网络快速崛起，很多人工智能领域的科研人员纷纷转向深度神经网络及其应用研究。我在伯克利分校访问期间，也看到很多教授和研究生转向深度神经网络，于是去问 Zadeh 教授这是否是未来的发展方向。Zadeh 院士告诉我 "we will discuss it in our round table discussion"（我们将在我们的圆桌讨论会上讨论）。

Zadeh 院士不仅没有跟风，而且持续召开多次可解释性与精度（Interpretability VS Accuracy）研讨会，指出深度神经网络虽然精度高，但是可解释性差，号召我们研究复杂系统的高精度、可解释性强的新型智能算法。我有幸参与了这些研讨会，对 Zadeh 院士的演算过程历历在目，对他的前瞻性思维记忆犹新。Zadeh 院士的会议如图 2-9 所示。

2022 年 4 月初，我国国家自然科学基金委员会（NNSFC）发布原创探索项目——面向复杂对象的人工智能理论基础研究项目指南，提出"聚焦人工智能可解释性问题"，直指"基于深度神经网络的人工智能具有不可解释性"，鼓励我国学者提出新的人工智能基础理论、方法和应用。

希望我们能在先生的指引下，将模糊理论和软计算理论发扬光大，努力完成先生未竟的 GTU 和可解释性人工智能（Explainable AI，EAI）。

图 2-9　Zadeh 院士的会议

2.5　Zadeh 院士的初心与我们的使命

让我们再回顾一下 Zadeh 院士开创模糊理论的初心。Zadeh 院士在一次采访中，明确指出：" I began to realize at some point that traditional approaches do not work that well with human-centered systems. They work well in the case of physical systems, but they don't work that well in the social realm, in politics, in medicine, and so forth. A simple idea occurred to me. In the world of mathematics, for example, everything has sharp boundaries… But in the real world, when it comes to, ' is this person honest, or tall, or beautiful?' the boundaries are fuzzy. "（我开始意识到传统方法在以人为中心的系统中不太管用。它们在物理系统中工作得很好，但在社会领域、政治、医学等领域工作得不太好。我想到了一个简单的主意。例如，在数学世界中，一切事物都有明确的界限……但在现实世界中，当谈到"这个人是诚实的，还是高大的，还是美丽的?"这个问题的边界是模糊的。）

人工智能就是模拟人类的智能，取代一些人类脑力劳动，不仅应用于科学领域，也即将进入社会、政治、法律和医学等领域。人类的智能具有一定的模糊性，人类的知识、推理和学习也具有一定的不确定性。所以，模糊理论在人工智能时代将发挥重要的作用。

Zadeh 院士在采访中指出年轻的科学家太重视能否获得经费资助。他指出："Today, young scientists have become somewhat cynical. They know that what matters is money. If they don't succeed in getting funded, they would be in trouble. Personally, I find that to be very disconcerting. That's not the way things were when I was beginning my career. "（如今，年轻科学家变得有些愤世嫉俗。他们知道钱很重要。如果他们得不到资助就麻烦了。我个人觉得这很令人不安。这与我职业生涯开始时的情况不同。）

其实，模糊系统和深度神经网络都是万能逼近器，可以以任意精度逼近任意非线性函数，已经有多篇相关论文对其进行证明。我们当前面临的主要问题是在新的科技形势下如何将模糊理论发扬光大？

图 2-10 展示了模糊分类在年龄问题上的应用。通过定义"非常年轻""年轻"和"老"等模糊集合，我们可以更灵活地描述和处理年龄数据。每个集合由隶属函数定义，反映了不同年龄段与这些集合的关联程度。例如，25 岁可能同时属于"非常年轻"和"年轻"的集合，但隶属度不同。这种模糊分类方法能够更好地模拟人类对年龄这类模糊概念的理解和使用。

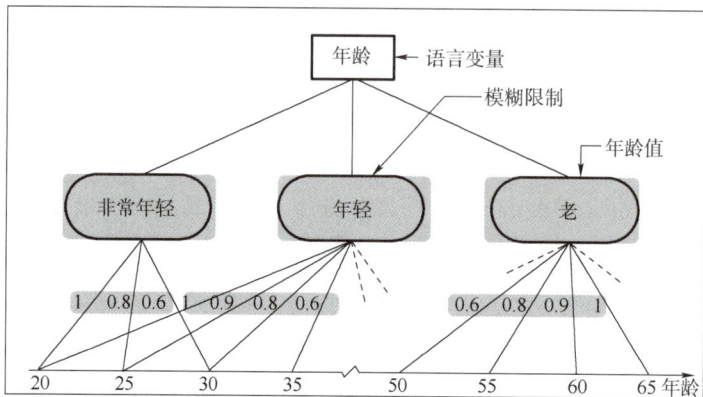

图 2-10　模糊分类在年龄问题上的应用

在大数据、可解释性人工智能、鲁棒性人工智能的大背景下，我们不仅要反思深度神经网络的可解释性差和鲁棒性不佳的问题，还要深入思考模糊理论的优点和不足。模糊理论的优点是可解释性好、鲁棒性好，其不足是难以处理高维大数据，因为模糊规则数量会随着数据维度的增长呈指数增加。模糊理论研究的一些学者喜欢研究容易的中低维度问题，不敢啃高维大数据这块硬骨头，这也是模糊理论没有持续发展的一个原因。

因此，我们要保留模糊理论的优点，结合其他理论方法克服其不足，不断完善模糊理论，不断解决新问题。只要我们坚定信心、直面难题、勇毅前行、笃行不怠，模糊理论定有再现辉煌的一天。期待所有模糊理论研究工作者共同创造和见证模糊理论再次复兴的奇迹，这也是模糊理论研究者肩负的神圣使命。

在一次采访结束时，Zadeh 院士最后给年轻的科学家提出了一点重要的建议：不要气馁，要坚持不懈。他指出："The most important one is not to be discouraged. If your paper gets turned down, don't be discouraged. If a proposal gets turned down, don't be discouraged. If you cannot get a job, don't be discouraged. I know many, many people who have become well known and successful because they were persistent above anything else. I am the kind of person who is persistent, and to a considerable extent this has helped me. "（最重要的是不要气馁。如果你的论文被拒绝了，不要气馁；如果提议被拒绝，不要气馁；如果你找不到工作，不要气馁，我认识许许多多的人，他们之所以出名并取得成功，是因为他们的坚持不懈超越一切。我就是那种坚持不懈的人，这在很大程度上帮助了我。）

模糊理论之父 Zadeh 院士的科学影响力在人工智能领域排名第一，如果模糊理论对人工智能的实际贡献力也能做到排名第一，这才是真正的实至名归。用 IEEE 人工智能名人堂颁奖词的一句话再次致敬我们睿智的科学大师：Lotfi Zadeh belongs to a world where there are no boundaries limited to time or place. （洛菲·扎德属于一个没有时间和地点界限的世界。）

2.6　学习 Zadeh 院士的精神
　　以深切缅怀一代宗师

　　我相信，直到离世的那一刻，Zadeh 院士才停止了他的思考。Zadeh 院士的一生是思考的一生，创新的一生，奋斗的一生。他所创造的学术纪录也许无人能及，即论文总引用次数 17 万次，单篇最高引用次数 7 万次。他影响了世界上无数的人，改变了世界上很多理论、观点和产业。

　　面对 Zadeh 院士的离去，我们不能只是流泪、感伤和思念，更要系统总结、深入学习、认真贯彻 Zadeh 院士给我们留下的宝贵精神，以更好地缅怀 Zadeh 院士。对此，我先谈三点想法，抛砖引玉，以期引来更多、更好的思考和总结。

　　首先，我们要学习 Zadeh 院士敢于质疑、勇于超越的创新精神。在经典集合论已经成为数学领域的基本公理和基石的情况下，提出一种不同的、新的集合理论要冒相当大的风险。当时已经是终身教授的 Zadeh 院士，他的成就已经足够多了，没有必要冒险。但是，Zadeh 院士不盲从经典集合论，敢于提出经典集合论在描述人类感觉和经验时候的不足，同时公布了自己的新发现——模糊集合。一石激起千层浪，他的理论引起了一些人的学习和应用，也引起很多传统数学家，尤其是概率论专家的攻击、嘲笑和谩骂。但是 Zadeh 院士顶住压力，不断完善自己的研究，从模糊集合到模糊逻辑，从模糊推理到模糊系统，一气呵成，形成了较为完善的理论体系，做到了"虽千万人，吾往矣"。慢慢地，反对该理论体系的人越来越少，支持的人越来越多，逐渐形成一个学术流派，在更多的领域得到应用。

　　其次，我们要学习 Zadeh 院士坚定执着、不断攀登的奋斗精神。Zadeh 院士自 1965 年提出模糊理论以来，一直在这个领域精耕细作，不断完善，终于熬过了严寒的冬天，进入了明媚的春天，走过了火热的夏天，迎来了丰硕的秋天。第一篇相关论文发表了整整 10 年后，直到 1975 年才被实际应用。此后一发不可收拾，Zadeh 院士提出的理论和方法应用于工程实践并取得好成效的论文数不胜数。相比现在不断追逐热点的科研人员，我们深感惭愧。到了 20 世纪 90 年代，Zadeh 院士的影响如日中天，成为开宗立派的奠基人。但是，Zadeh 院士却不自高自大、故步自封，他又提出的软计算也是一个很大的创新。软计算将模糊理论、深度神经网络和遗传算法等理论相互融合，极大地提高了系统的计算智能水平。软计算是模糊理论的升级版，有较大的完善和提高，应用范围更大，效果更好，是今天炙手可热的人工智能核心技术之一。到了 21 世纪，他又提出不确定性的一般理论，试图融合概率论等其他不确定方法，类似于爱因斯坦提出的统一场论，但没有取得预期的效果。

最后，我们要学习 Zadeh 院士宽以待人、提携后进的宽厚精神。虽然遭到很多人的批评、攻击和谩骂，Zadeh 院士都不介意，还称他们为"我的好朋友"，大力推荐他们的学术贡献，甚至还开玩笑说"我把对我的批评都看作一种赞扬"。对我这样水平低、年纪轻、资历浅的"三无"访问学者所做的学术报告，Zadeh 院士都给予了充分肯定和鼓励，并在一年访问结束后，在评价信中给予我很高的评价，令我汗颜。

我与 Zadeh 院士的合影挂在我办公室的墙上，Zadeh 院士给我的评价信放在我办公室的抽屉内，每当我看到院士温和的微笑和鼓励的话语，想到我在 Zadeh 院士创立的 BISC 度过的一年美好时光，就不敢偷懒和懈怠。我们怀念 Zadeh 院士，更要学习他留给我们的宝贵精神，并用它指导我们的科研和生活。

第 3 章

美国公立大学翘楚

——加州大学伯克利分校

3.1 加州大学系统：同气连枝，十大分校

加州大学系统由 1868—2005 年间陆续创办的 10 所公立研究型大学组成，这 10 所学校之间没有从属关系，研究、教育、行政均互相独立，但在一定程度上共享科研与教育资源。下面简单介绍加州大学系统中的 10 所公立大学分校。

1. 加州大学伯克利分校

加州大学伯克利分校（简称伯克利分校）成立于 1868 年，位于旧金山以东 21 km 的伯克利市，是世界顶尖公立大学。伯克利分校如图 3-1 所示。它不仅是 10 个分校中校史最长的一个，其教学质量、科研成就、师资、硬件设备和学生质量也是 10 个"兄弟"院校中最顶尖的，可以说，伯克利分校在整个加州大学系统中独占鳌头，即便在全美公立大学排名中，伯克利分校也一直名列前茅。该校本科生获得博士学位的人数比美国任何大学都多。伯克利分校是美国最自由、最包容、最多元化的大学之一。20 世纪 60 年代的言论自由运动、嬉皮文化、反越战运动、东方神秘主义文化、回归自然文化等都起源于这里。在高科技的浪潮推动下，伯克利分校又在缔造新的神话：由于地处硅谷边缘，毕业生中出现了许多新型高科技人才，毕业于该校的英特尔公司创始人戈登·摩尔、安迪·葛洛夫便是其中的代表。

2. 加州大学旧金山分校

加州大学旧金山分校（University of California, SanFrancisco, UCSF）源于 1864 年在旧金山成立的托兰医学院（Toland Medical College），是加州大学系统中仅有的只专注健康和生命科学的分校，也是唯一一所只进行严格的研究生教育的分校。加州大学旧金山分校如图 3-2 所示。作为世界著名的生命科学及医学研究教学中心，UCSF 的牙医学院、医学院、护理学院、药学院和研究生院均位居全美顶尖行列。在 2018 年软科世界大学学术排名中，UCSF 的临床医学位列世界第二，仅次于哈佛大学。

图 3-1　伯克利分校

图 3-2　加州大学旧金山分校

3. 加州大学洛杉矶分校

加州大学洛杉矶分校（University of California，LosAngeles，UCLA）是位于美国加利福尼亚州（简称加州）洛杉矶市的一所公立研究大学，是美国一流的综合大学之一。加州大学洛杉矶分校如图 3-3 所示。UCLA 是美国商业金融、高科技产业、电影艺术等专业人才的摇篮，共提供 337 个不同学科的学位，是全美培养尖端人才领域最广的大学之一，它是加州大学系统中的第二所大学，排名仅落后于加州大学伯克利分校。UCLA 常年稳居《泰晤士报》全球大学排行榜前 15 名，并且在 2017 年 US News 全球大学排名中位列第 10 名。

图 3-3 加州大学洛杉矶分校

4. 加州大学圣迭戈分校

加州大学圣迭戈分校（University of California，SanDiego，UCSD）位于南加州圣迭戈市的拉荷亚（La Jolla）社区，是全美第一级大学。UCSD 成立于 1959 年，校园面积 1 976 英亩（8.86 km²），校区坐落在海滩边，环境优美，气候宜人。虽然该校成立时间只有短短 60 余年，却诞生过 20 位诺贝尔奖得主（现有 5 位任教），与 UCLA 在学术上不分伯仲，在加州大学系统排名前三，2014 年世界大学学术排名中位列全球第 14 位，更于 2010—2014 年在华盛顿月刊（Washington Monthly）美国大学排名中连续五年蝉联全美第一位。

5. 加州大学圣塔芭芭拉分校

加州大学圣塔芭芭拉分校（University of California，SantaBarbara，UCSB）位于洛杉矶西北著名海滨城市圣塔芭芭拉市的一个半岛上，该岛两面环海，紧临太平洋，有美丽迷人的海滩，风景十分优美。该校不单以校园滨海，全年阳光普照闻名，而且近 20 年来，在学校的努力下，它已经成为加州的又一个学术中心，特别是在一些高新科技方面有着不可忽视的地位，并且其他方面同样在快速发展，其电子工程、现代物理和地理信息系统等学科都在美国名列前茅。

6. 加州大学尔湾分校

加州大学尔湾分校（University of California，Irvine，UCI）又称加州大学欧文分校，位于南加州，洛杉矶东南约 50 英里（80.47 km）的橙县（Orange County）尔湾市（Irvine）。完美的地理位置，极佳的学习、生活环境，以及被誉为"南加州硅谷"的橙县和附近的大量科技公司的支持，使该校成为加州大学系统中成长最快的分校。UCI 既有大型科研学校的教学实力，也有小型院校的友好氛围。UCI 在 2014 年世界大学学术排名中位列全球第 47 位。同时，学校还是美国文理科学院（American Academy of Arts and Sciences，AAAS）西部分院所在地和美国国家科学院贝克曼激光研究中心所在地。

7. 加州大学戴维斯分校

加州大学戴维斯分校（University of California，Davis，UC Davis）设在加州戴维斯市，是旧金山东部一所世界顶尖研究型大学，属于全美第一级大学，被誉为公立常春藤，是全美著名的科技中心。UC Davis 是加州大学系统乃至全美的农学科研中心，其兽医、植物、农业等学科在全球范围内享有广泛声誉，常年全球排名前 3。UC Daivs 全美综合排名 38 名，UC Davis 在经济、管理、法律、心理等社会科学方面也极负盛名，各学科均长期排名全美前 25。2014 年泰晤士高等教育（Times Higher Education，THE）世界大学排名中 UC Davis 全球排名第 42 名。

8. 加州大学圣克鲁兹分校

加州大学圣克鲁兹分校（University of California，Santa Cruz，UCSC）位于旧金山湾区附近的著名海湾城市圣克鲁兹，这里是加州最著名的海滨度假以及冲浪胜地，其面临太平洋沿岸最美丽的海滩，同时拥有壮观的红木自然保护地区和西班牙式古典建筑，吸引众多游客前来。圣克鲁兹分校是加州大学系统 10 个校区之中最有名望的学府之一，也是一所世界顶尖学府。2015 年泰晤士高等教育世界大学学术影响排名第一名。

9. 加州大学河滨分校

加州大学河滨分校（University of California，Riverside，UCR）又译里弗赛德

分校，1954 年成立于加州里弗赛德市，是加州大学系统中发展最快的一所大学，以人性化、种族多元化和世界级研究而著称。UCR 治学严谨，拥有全世界顶级的农学系。伯恩斯工程学院在学术界也享有盛誉，据 2019 US News 世界大学排名，工程学科排名全球第 69 名。学校在 2019 US News 美国大学排名中位列 85 位，2019 US News 世界大学排名中位列 151 位，2019 年福布斯美国最具价值大学排行榜中位列第 27 位。

10. 加州大学美熙德分校

加州大学美熙德分校（University of California，Merced，UCM）又译默赛德分校，创办于 2005 年，是 21 世纪美国成立的第 1 所研究型综合大学。1995 年 5 月 19 日，加州大学董事会选中美熙德为第 10 所加州大学的校址。UCM 虽然只有十几年的建校历史，但自成立以来便凭借加州大学系统特有优势快速发展，仅用 15 年时间就跻身 2020 US News 全美顶尖公立大学第 44 名。

3.2 伯克利——加州大学的发源地和领头羊

伯克利市（City of Berkeley），简称伯克利，位于美国加州旧金山湾区东岸，隶属于阿拉米达县（Alameda County）。伯克利是一个弹丸之地，人口10多万，因为有了世界一流大学——加州大学伯克利分校才被世人所知。加州大学伯克利分校使用的土地是1866年由私立的加利福尼亚学院买下的，由于当年资金短缺，学院和州立的农业、矿业和机械工艺学院合并，并于1868年3月23日在加州奥克兰市成立了加州大学，该校也是加利福尼亚州第一所全日制的公立大学。学校于1869年9月开始招生，当时全校共有10名教职员工与40名学生。1873年，学校搬至奥克兰附近的新地址，加州大学理事Frederick H. Billings提议，为了纪念18世纪伟大的哲学家乔治·伯克利（George Berkeley），在学校名字中加入Berkeley（伯克利市的命名也是为了纪念这位伟人）。因此，最初的加州大学也等同于"伯克利加州大学"。（注："分校"是历史上遗留的翻译误区，现今加州大学的一个"分校"等同于一所独立的大学。）

20世纪30年代，美国教育委员会向2 000名著名学者进行调查，结果伯克利分校以其"杰出的"和"适宜的"的学科建设而跻身美国一流学府之列——这是美国200余年来公立大学向东部常春藤大学发出的首次挑战。1942年，美国教育委员会评定伯克利分校所拥有的美国顶尖院系数量跃升至全美第二，仅次于哈佛大学。截至2020年，诺贝尔三大科学奖都已经水落石出，全球共8人获奖。全球高水平大学中最大的赢家是加州大学伯克利分校，有2位教授获奖：Andrea Ghez教授（诺贝尔物理学奖）和Jennifer Doudna教授（诺贝尔化学奖）。虽然获得诺贝尔奖对伯克利分校来说是家常便饭，几乎1~2年就有一个获奖者，但是一次获得2个，双喜临门还是不多见的，学校网站首页刊登了2位教授的照片和介绍（图3-4）。

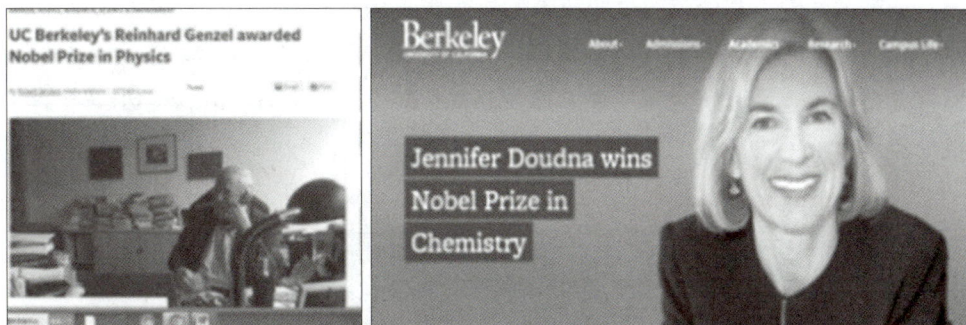

图 3-4　Andrea Ghez 教授和 Jennifer Doudna 教授

截至 2020 年，加州大学伯克利分校的校友、教授及研究人员中共有 109 位诺贝尔奖得主、14 位菲尔兹奖得主和 25 位图灵奖得主，总数位列世界第三。

作为伯克利的访问学者，我感到非常高兴和自豪。我认为伯克利分校图书馆前的斜坡大草坪是伯克利最美的地方，可以静坐看风景，可以躺卧晒日光浴，可以下场玩飞碟，还可以听优美的钟声，喂喂可爱的小松鼠。每周三上午，我们和导师 Zadeh 院士开完圆桌讨论会后去楼下的比萨店吃比萨、喝可乐也是一段美好的回忆。我与 Zadeh 院士合影如图 3-5 所示。

图 3-5　作者与 Zadeh 院士

加州大学伯克利分校照片如图 3-6 所示。美国与我国不同，县可以包括几个市（City）。伯克利市相当于我们的一个乡村小镇，以服务伯克利大学师生为主，没有高楼大厦，远离政治和经济中心，距离最近的城市是旧金山，有 20 多千米。从伯克利坐地铁去旧金山要花费 1 个多小时。

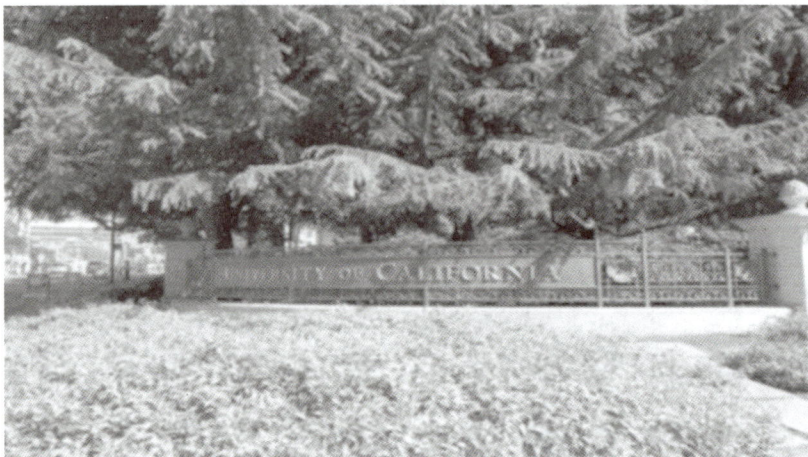

图 3-6　加州大学伯克利分校照片

加州大学伯克利分校的规模也不大，教师约 1 800 人，本科生约 3.1 万人，研究生约 1.1 万人，各类辅助人员总共约 5 万人；占地面积也不大，主校区只有 1 081 亩（0.721 km²）。

依山傍海、环境优美的伯克利，阳光明媚、四季如春的伯克利，松鼠遍地与人争食的伯克利，远离城市喧嚣和政治经济中心的伯克利，是学术研究和科研活动的世外桃源，散发着独特的魅力和魔力，吸引世界各地的卓越学者和优秀学生来此学习、研究、交流、访问。加州大学伯克利分校主页上写道：Berkeley is a place where the brightest minds from across the globe come together to explore, ask questions and improve the world. Want to change the world? At Berkeley we're doing just that.（伯克利是一个世界各地最聪明的人聚集在一起探索、提出问题和改善世界的地方。想改变世界吗？在伯克利我们就是这样做的。）也许这就是伯克利学者屡获诺贝尔奖的奥秘。

我之所以极力推崇伯克利分校，不仅仅因为我是伯克利分校的访问学者，更重要的是，加州大学伯克利分校是美国和世界的优秀高等学府，拥有丰富的国际交流传统。国际学生和学者不仅对学校教学和研究成果至关重要，对美国和全球范围内经历重大事件时的表现也相当重要，例如，面对重大自然灾难的时候，该校校方和学生团体都会立即行动起来，对急需帮助的人民伸出援手。2021 年 2 月 6 日发生在土耳其及周边地区的强震，造成了惨重的生命损失和破坏，该校学生和教职员工立即向灾区提供捐款、医疗服务以及在酷寒季节灾民急需的食物、帐篷、毯子等生活必需品和志愿献血等。

我国公立大学数量占据绝对优势，应该向伯克利分校学习。而且，伯克利分校建校 156 年，历史也不是很长，比我国的清华、北大和上海交大等高校建校早不了太多。因此，系统深入地向世界一流公立大学——加州大学伯克利分校学习，对切实提高我国公立大学的科研水平具有非常重要的意义。

3.3　加州大学伯克利分校屡获诺奖的奥秘

在加州大学伯克利分校，有这么一条规定：获得诺贝尔奖的教授，可以免费拥有一个专属停车位，放上独特的蓝色停车标识，其他车辆不得占用。根据相关资料显示，到目前为止伯克利分校累计获得诺贝尔奖人数达上百位，在所有大学获得诺贝尔奖人数排名中居第三位，仅次于哈佛大学和剑桥大学。

那么加州大学伯克利分校屡获诺贝尔奖的奥秘到底是什么呢？很多人认为一个重要的原因是加州大学伯克利分校的诺贝尔奖获得者专用停车位。由于加州大学伯克利分校人多车位少，导致停车成为加州大学伯克利分校的教授们头疼的一件事，那么我猜想教授们之所以努力工作获得诺贝尔奖，可能部分原因是为了获得一个属于自己的专用停车位。加州大学伯克利分校的诺贝尔奖停车位如图3-7所示。

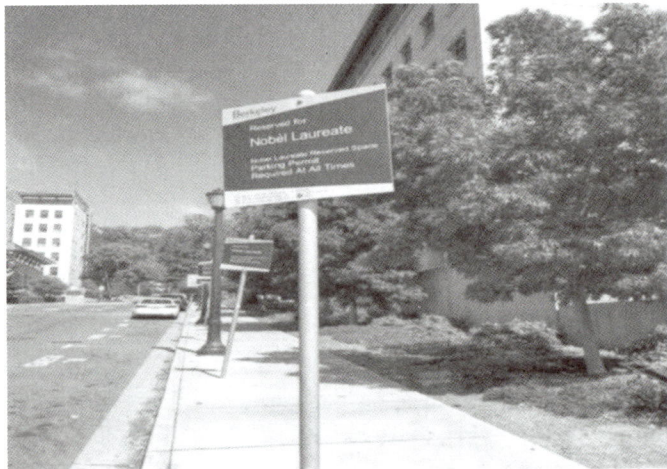

图3-7　加州大学伯克利分校的诺贝尔奖停车位

加州大学伯克利分校是诺贝尔奖收割机。学校给 109 位诺贝尔奖得主最重要的奖励是一个停车位。其实这些得主大多不会真去停车，他们在意的是在校园内有一个永久的位置。

加州大学伯克利分校教授索尔·佩尔马特和另两位科学家一起获得了 2011 年度的诺贝尔物理学奖。这位天体物理学家得到消息时正在监考，据学生们在校内论坛上说，教授淡定地告诉大家："我终于也有自己的停车位了。"

在这里，如果你是一位诺贝尔奖得主，学校会奖励你什么？大笔奖金？独栋别墅？各种头衔？巡回演讲？不，这些都没有。如果不是到此做过采访，我也不太明白诺贝尔奖和停车位之间能有什么关联。当时该校图书馆馆长指着一排写有 NL 标志的停车位，向我们介绍："这些车位是专门为诺贝尔奖得主服务的，其他车辆均不得占用，这是学校给他们的唯一奖励。"

加州大学伯克利分校风景优美，气氛活跃，但车辆不能随意出入，更不能随便停车。NL 是诺贝尔奖得主（Nobel Laureate）的缩写，这样一个蓝色的专属停车标志，是学校以其特有的方式，向诺贝尔奖得主致敬。我在加州大学伯克利分校里看到的专属停车位，除了残疾人的，就是诺贝尔奖得主的，有一个 NL 车位上，停的甚至是辆山地车，看来他一定身体倍棒。

历年来在加州大学伯克利分校工作或深造的诺贝尔奖得主不少于 66 位。在该校物理系前，NL 车位就有 5 个。得了诺贝尔奖，不涨工资不升职，照常上课，照常监考，照常做实验，不同的是车终于有地方停了。

对于这个奖励，伯克利的教授是这样认为的："做学问如果没有一颗淡定的心，没法继续，更不可能前进。"

桂冠由月桂的枝条编成，它闪耀的不是黄金或钻石的光芒，只有久远的芬芳。狷介自守，不骄不躁，淡然处之的态度，让桂冠回归它的本质。诺贝尔奖不是功劳簿，更不是终身成就奖，它激励着精英们不断向未知领域探索，永不停止推动人类社会向前的动力与热情。

加州大学系统是美国最好的公立大学系统，也是世界最大的大学联邦体，旗下大学在各项学术指标和排名中均名列前茅。这些校区互相独立又紧密联系，共同组成了享誉全美乃至全世界的加州大学系统。

加州大学伯克利分校和 UCLA 累计诞生诺贝尔奖 134 名（2024 年统计数据），作为全美大学公认第一名的加州大学伯克利分校，是学术界的佼佼者，声誉地位媲美斯坦福大学，尤其是基础学科，如数理化和人文社科位居前列。加州大学洛杉矶分校学术出众，教育质量不亚于任何一所常青藤大学，学生社团、社交活动同样活跃。

截至目前，加州大学伯克利分校已经有107人获得过诺贝尔奖了，因为该校是一所非常大的公立学校，人多、车位少，还设置了很多预留停车位，其中就包含了诺贝尔奖得主的预留车位，也就是NL专用车位。

为了奖励这些诺贝尔奖获得者，学校提出两种奖励方案：一是将他们的名字刻在一栋纪念大楼中，二是在校园里为他们提供免费停车位。结果绝大多数诺贝尔奖得主都选择了停车位。

3.4 诺奖摇篮：劳伦斯伯克利国家实验室

美国能源部所属劳伦斯伯克利国家实验室（Lawrence Berkeley National Laboratory，LBNL）坐落在美国加州大学的伯克利山中，俯瞰旧金山湾。LBNL由加州大学负责管理，共有约4 000名员工，其中学生约800名。每年该实验室还接待3 000多名参加合作的客座人员。

实验室前身是加州大学辐射实验室，而后为了纪念伯克利著名物理学家欧内斯特·劳伦斯（Ernest O. Lawrence，1939年物理诺贝尔物理学奖得主）而更名为LBNL，实验室照片如图3-8所示。

图3-8 劳伦斯伯克利国家实验室远景

LBNL的所长由美国加州大学董事会担任，并向加州大学校长报告工作。虽然LBNL独立于加州大学伯克利分校，单独进行校园管理，但二者关系密切：超过 200 名 LBNL 的研究人员兼任教授，500 多名加州大学伯克利分校的学生在 LBNL 开展研究。20 多名能源部雇员进驻 LBNL，为美国能源部行使联邦政府对 LBNL 的监督工作。

LBNL 开展的非保密研究涉及许多学科，重点开展宇宙、定量生物学、纳米科学、新的能源系统和环境解决方案以及利用综合计算作为取得发现工具的基础研究。

在科学界，LBNL 相当于卓越（Excellence）的同义词。LBNL 的 11 位科学家获得诺贝尔奖；75 位科学家是美国国家科学院（NAS）的院士，院士在美国是科学家最高的荣誉之一；13 位科学家获得了科研领域国家最高终身成就奖——国家科学勋章；18 位工程师当选为美国国家工程院院士；3 位科学家被选入医学研究所。此外，LBNL 培养了数千名大学理科和工程专业的学生，他们推动着全美国和世界各地的技术革新。

从 20 世纪 50 年代至今，LBNL 一直保持着它作为主要国际物理研究中心的地位，同时将其研究计划扩展到了几乎每一个科学研究领域。该实验室的 14 个科学部门按计算机科学（CS）、普通科学、能源和环境科学、生命科学和光子学进行组织。研究项目均由多个部门配备工作人员并提供技术支持，如计算和工程跨生物科学、一般科学和能源科学进行集成。LBNL 科学部门包括地球科学、基因组学、生命科学、化学科学、环境能源技术、材料科学、物理生物科学、计算研究、加速器和聚变研究、工程、核科学和物理。

LBNL 有 6 个主要科研重点：用来作出发现的软 X 射线、气候变化和环境科学、宇宙中的物质和力量、能源效率和可持续能源、计算科学和网络以及进行能源研究的生物科学。科学的研究最好融合不同领域的专业知识由团队共同完成。他的团队理念是 LBNL 的传统，一直延续至今。

2010 年 LBNL 的科研经费为 7.07 亿美元，另外从《美国复苏与再投资法案》获得 1.04 亿美元的经费支持，共计 8.11 亿美元。一项研究表明，通过对旧金山湾区九个县的直接、间接和诱发消费，LBNL 每年带来的整体经济效益将近 7 亿美元。该实验室还为当地创造 5 600 个就业机会，为全国创造 12 000 个工作机会。每年总体经济对国民经济的影响估值约为 16 亿美元。LBNL 开发的技术已经产生了数十亿美元的收益，以及数以千计的岗位。LBNL 因开发照明和窗户以及其他节能技术节约了数十亿美元。

LBNL 的研究领域包括物理学、生命科学、化学等基础科学，还包括能源效率、回旋加速器、先进材料、粒子加速器、检测器、工程学、计算机科学等，在材料研究方面主要是纳米材料、磁性材料、薄膜材料、超导材料等。

该实验室为美国第一颗原子弹及氢弹的研制提供了最原始、最基础的实验以及机械支持。LBNL 对帮助判断什么是二战时最有价值的三个技术开发项目（原子弹、低空爆炸信管和雷达）做出了贡献。

科学研究是人类最高阶的创新活动，对科学研究进行管理的难度极大。LBNL 对学术创新的尊重、对制度的坚守，体现在其运转机制设计的方方面面。

和众多初到伯克利的人一样，我一度对 LBNL 和加州大学伯克利分校的关系感到十分困惑。LBNL 隶属于美国能源部，但美国能源部并不实际参与实验室的运营，而是由加州大学负责管理。LBNL 的所长由美国加州大学董事会任命，并向加州大学校长报告工作，只有 20 多名能源部雇员进驻 LBNL，完成联邦政府对 LBNL 的监督工作。这就使得 LBNL 在管理上摆脱了行政力量的过度乃至盲目干预，能够相对独立地依据学术规范运营。事实上，美国能源部的 17 个国家实验室中，只有 1 家由能源部直接管理，其余 16 家均采用委托管理的模式，除高校外，研究所、企业、基金会等第三方机构也可参与托管运营。

这种管理模式使得大学与国家实验室形成了有效互补，两者可以各自发挥所长，开展合作研究。但这种管理模式并非一成不变，随引入绩效考核淘汰机制。美国能源部每 5 年对加州大学进行一次考核，评估实验室的管理水平和产出质量。曾有 些国家实验室"易主"，比如，2006 年，洛斯阿拉莫斯国家实验室就不再由加州大学管理，改由洛斯阿拉莫斯国家安全公司主管。这种淘汰机制打破了第三方机构永久持有"金饭碗"的幻想，有利于提升国家实验室的管理绩效。

对科研院所而言，如何管理科学研究人员，充分激发其主观能动性和创新活力至关重要。因此，人事管理制度在科研院所的管理体系中处于十分关键的位置。

先进光源（ALS）实验室对于科研人员的绩效考核十分弹性，他们的薪资水平并不直接取决于每一年度发表文章、申请专利、完成课题的情况；加之科研经费相对充足，科研人员无须去申请项目争取科研经费，这避免了许多烦琐的程式化工作。这种持续的投入和相对宽松的管理，可以使科研人员更能够忠于使命和兴趣选择课题，心无旁骛地从事科学研究，并且能让实验室在全球范围内吸引大批优秀科技人才，有利于催生重大科学发现和颠覆性创新成果。

2017 年，科技部部长万钢在全国科技工作会议上表示，将在重大创新领域启动组建国家实验室。当前建设国家实验室，关键是要做好管理机制设计和领域的选择。

任何一个体系或制度都不是万能的，生搬硬套是行不通的，一套模式在美国国家实验室运转良好，并不意味着移植到我们这就能开花结果，因此，我们要根据自身实际情况扬长避短。

3.5 其他分校也实力强大

除了加州大学伯克利分校，其余九个分校的实力也同样不弱，以下根据百度百科上的资料，简单介绍其他几个分校的相关情况。

1. UCSF（加州大学旧金山分校）

UCSF 位于美国加利福尼亚州旧金山，是美国加州大学系统的第二所公立大学，是世界著名的生命科学及医学研究教学中心，UCSF 照片如图 3-9 所示。UCSF 的前身是托兰医学院（Toland Medical College），该学院 1873 年加入加州大学，成为加州大学伯克利分校附属的医学院，在伯克利、旧金山等地均有设点。1952 年加州大学开始体制改革后，UCSF 逐渐成为一所独立的公立大学，学校设施均迁入旧金山。

图 3-9　UCSF 照片

UCSF 是加州大学系统中唯一一所只专注于健康和生命科学的大学，也是加州大学系统中唯一的只进行严格的研究生教育的大学，该校以医学和生命科学闻名。截至 2024 年 10 月，共有 10 位 UCSF 的教授或研究人员获得诺贝尔奖。2018—2019 年，在软科世界大学学术排名中，UCSF 临床医学位列世界第 2，生命科学位列世界第 3；在 US News 全美最佳医院排名中，加州大学旧金山附属医院（UCSF Medical Center）位列全美第 6，美国西部第 1。

2. UCLA（加州大学洛杉矶分校）

UCLA 位于美国洛杉矶，是世界顶尖的公立研究型大学，环太平洋大学联盟和国际公立大学论坛成员，被誉为公立常春藤名校，多年来蝉联美国申请人数最多的大学，也是录取难度最高的大学之一。UCLA 照片如图 3-10 所示。

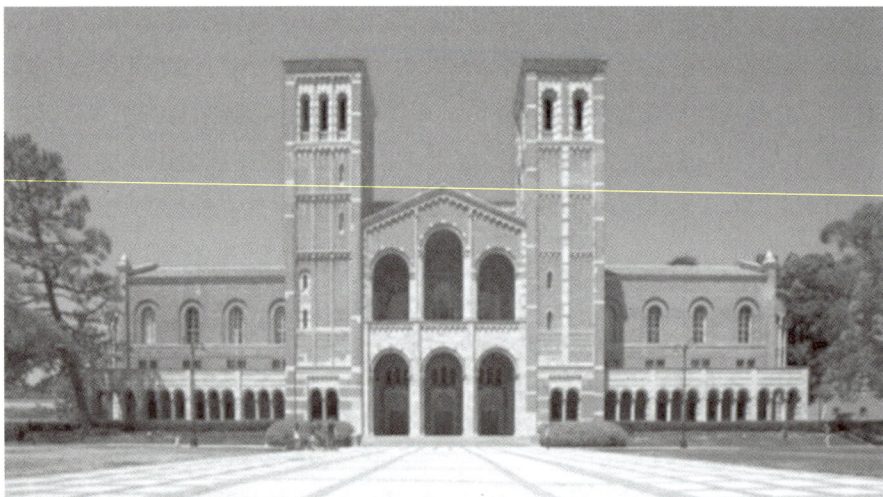

图 3-10　UCLA 照片

UCLA 照片被《华尔街日报》《泰晤士高等教育》等多家权威报刊评为美国第一公立大学，2018 年《福布斯》最具价值大学全美排名第一，2018 年 QS 毕业生就业力世界排名第二。2020—2021 年，UCLA 位列软科世界大学学科排名第 13 位，US News 第 14 位，THE 世界大学排名第 15 位，QS 美国大学排名第 6 位。

3. UCSD（加州大学圣地亚哥分校）

UCSD 是世界顶尖的公立研究型大学，环太平洋大学联盟、国际公立大学论坛和美国大学协会成员，位于美国圣迭戈北郊的富人社区拉荷亚，在多家权威大学排名中常年稳居世界前 20，被誉为公立常春藤名校。加州大学圣地亚哥分校照片如图 3-11 所示。

图 3-11　UCSD 照片

UCSD 正式成立于 1960 年，虽然只有 60 余年校史，却是生物学、海洋科学、地球科学、计算机科学、心理学、政治学、经济学等领域的世界级学术重镇。根据美国国家基金会的数据，学校研究拨款总额高达 19 亿美元，位居全美第 5，在加州大学系统居首位。

截至 2018 年，UCSD 的校友中共有 27 位诺贝尔奖得主、3 位菲尔兹奖得主、8 位美国国家科学奖章得主、8 位麦克阿瑟奖得主和 2 位普利策奖得主，现任教职员中有美国四院院士 254 位。

截至 2024 年，UCSD 在 2024 软科世界大学排名中位列第 18 名，在美国大学中排名第 14~15 名。此外，UCSD 在 2024 年 US News 的全美大学排名中位列第 28 名，在 QS 世界大学排名中排名第 62 名。

4. UCSB（加州大学圣塔芭芭拉分校）

UCSB 是近年来提升力最快的学府之一，时常会在各项评比中看到该校的名称。UCSB 的师资力量也非常雄厚，师生比例为 1：17，教授中有 6 位诺贝尔奖获得者，39 位美国国家科学院院士，29 位美国国家工程院院士，41 位美国人文与科学院院士以及 38 位美国科学促进会成员。曾经在短短 7 年的时间里，学校中有 5 位教授荣获诺贝尔物理学奖、诺贝尔化学奖和诺贝尔经济学奖的殊荣。同时，该校也是美国重要的学术联盟，是美国大学协会 61 所知名大学成员之一。UCSB 照片如图 3–12 所示。

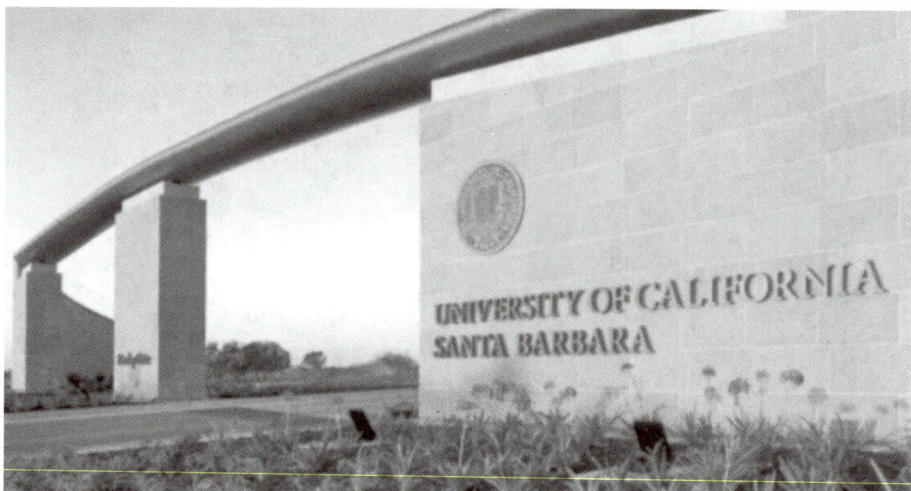

图 3–12　UCSB 照片

UCSB 的学术成就获国际殊荣的教授：1998 年获诺贝尔化学奖的沃尔特·科恩（Walter Kohn）教授；2000 年获诺贝尔物理学奖的哈勃特·克雷默（Herbert Kroemer）教授和获诺贝尔化学奖的黑格（Alan J. Heeger）教授；2004 年获诺贝尔物理学奖的戴维格·罗斯（David Gross）和获诺贝尔经济学奖的芬恩·基德伦（Finn Kydland）教授；2006 年获芬兰总统千禧年科技奖以及 2014 年获诺贝尔物理学奖的中村修二教授。

他们的成就让这座距离洛杉矶北部 160 km，原本是一所不起眼的偏僻校园成为吸引美国科学和工程学者的教育圣地，憧憬着把学校办好的世界各地大学校长纷纷前去取经。

另外，就计算机科学的 CSRankings 排名来看，加州大学圣塔芭芭拉分校仅仅落后于斯坦福大学、麻省理工学院、加州大学伯克利分校、卡内基梅隆大学和伊利诺伊大学厄巴纳–香槟分校。

其他五所分校也很优秀，在这里就不一一叙述了。

3.6　我国公立大学如何学习以加州大学伯克利分校为代表的加州大学系统

近些年，随着华为、苹果等高科技公司的一系列新闻事件，越来越多的人意识到对于国家和民族而言，高端科研实力的重要性，实现这一愿景，必然要关注科研实力背后的高等教育。为何享誉全球的诺贝尔奖得主在我国寥寥无几；为何在高科技科研实力面前，我国总是受制于欧美国家。

首先从大学来讲，无论国内外大学，要取得毕业证书和学位证书，都必须选择一个或多个特定的专业来进行学习，专业的选择不仅意味着一个学生在大学掌握的专业领域知识，更意味着未来能否在社会上立足。

相比国内，欧美大学对于学生的专业选择问题给予了极大的自由。欧美大学本科教育的定位是基础教育，而非专业人才教育。基础教育的宗旨在于培养学生的整体素质和思维创新，而非赋予学生实用技能。在这个思路的指导下，欧美大学的申请不需要过多地考虑专业问题。

兴趣选择。通常在欧美大学里，大一、大二接受通识教育，如社会科学、自然科学、人文艺术、历史政治等学科，其目的在于让学生了解各个学科领域的研究内容和研究方法。通过通识教育，学生具备了各个学术领域的基础知识，批判性思维能力大大提高，写作水平也有较大的提升。刚进入大学的学生一般并不知道自己对什么感兴趣。经过两年的通识教育，通过对各领域的接触，他们会发现自己感兴趣的领域，将来进入大三、大四的时候就可以深入学习。也就是说在大学的前两年，学生可以根据个人喜好选择想上的课，在对一些感兴趣的学科有了进一步的了解后，再确定专业。同时，学校更会配备专门服务于学生选择专业的机构和老师，学生完全可以一对一寻求专业选择上的帮助。当然有人会问，大三选择了专业后，经过一段时间的学习，发现又不喜欢这个专业了怎么办，这时候只需要填一张新的专业申请表即可，而且导师也会鼓励学生按照兴趣爱好选择专业。在欧美大学除了通识教育外，学生大二结束选好专业后，还需要自主选择此专业要学习的其他课程，每一个专业学校都安排了必修课程和选修课程，学生只需要在这些课程中选取自己感兴趣的课程作为一整学期研究的课题，同时对于同一节课，一般至少安排两名老师，学生可以根据学校档案库里记载的历年来学生对这几位老师的评价手册，自由选择上课老师。此类档案并不像国内对老师期末的点评分数一样，这类档案一般可以直接在校网上进行查询，学生不仅要为老师打分，而且必须写出详细的评语供后来的学生参考，当然，如果一个老师收到的都是吐槽和差评，学校也会毫不留情地将其开除，不再录用。

对于部分学科，美国本科教育是没有专业的，如医学和法学专业在美国是必须考取研究生才可以选择的。此外，许多医学院在录取新生时，不仅看专业学习成绩，还十分看重申请者在社区服务、志愿者工作以及海外生活等方面的经历。作为一名治病救人的医生，富有关怀心和同情心以及具有广阔的国际视野是十分重要的人格特质，也是决定一个医生医德高低的重要因素。在报读医学院时，申请者的申请信也很重要，申请者在申请信中必须清楚地表明自己为何要成为医生，自己的人生经历以及人生观等。

2013年，中国科教界发生了一件大事。中国科学院大学（UCAS，简称国科大）横空出世。中科院院长白春礼，以正部级的身份任校长。世人对这所学校期望甚高，希望其与清华、北大形成"三国鼎立"之势。更有人期望，国科大能后来居上，一马当先，率先成为世界一流大学。

让我们再看看在国科大主页上的介绍：国科大拥有一支由院系和研究所师资组成的高水平导师队伍，拥有学生开展科研实践的一流科研环境。目前，全校指导教师12 658名，其中院士330人，博士生导师6 185名。分布在各研究所的3个国家实验室、84个国家重点实验室、163个中国科学院重点实验室、41个国家工程研究中心（实验室）以及众多国家级前沿科研项目，为学生提供了宏大的科研实践平台。

中科院有一百多个研究所，分布在全国，顶级科研人员很多，但是真正在国科大本校工作的屈指可数。众所周知，中国科研人员很忙，牛人更忙，连研究生、博士生都没有太多时间指导，何况中科院各个研究所与国科大相隔千山万水，研究员如何指导本科生？导师制听起来很好，但恐怕难以落到实处。这种特殊的体制和机制，使得国科大距成为世界一流大学还有很大的差距。如何能尽快缩小这一差距呢？

关于这个问题仁者见仁，智者见智。就我个人而言，以我2009年在加州大学伯克利分校访问1年的经历，我认为世界上最牛的大学是加州大学。加州大学有诺贝尔奖摇篮之称，每年的诺贝尔奖得主几乎都有加州大学的校友和教授。在我访问期间，就有2个诺贝尔奖得主和伯克利分校有关，一位是加州大学伯克利分校的教授（Oliver E. Williamson），另一位是加州大学伯克利分校的毕业生（Carol W. Greider）。在此，获得诺贝尔奖司空见惯，校方也没有特别奖励，除了一个专用的停车位。

加州大学系统有10个分校，非常有名的是伯克利分校，可与哈佛、麻省理工学院和斯坦福大学并驾齐驱。比较有名的有UCLA、UCSD，可与其他私立一流大学分庭抗礼。其他分校的研究也各有特色，都具有世界一流的研究成果。如果把加州大学10所分校合在一起其实力是否将更加雄厚？

加州大学原来只有一所，就是位于伯克利的总校。后来，慢慢发展为10所分校，其中UCSF是加州大学的医学院发展起来的，UC Davis是加州大学的农学院发展起来的。可以说，加州大学10所分校，同根同源，同气连枝。这与中科院的发展类似。

借鉴加州大学的发展，可以将中科院100多所分散在全国各地、功能交叠、难以发挥学科交叉优势的研究所真正整合为10所一流大学，分别为国科大的10大分校：国科大北京分校、国科大上海分校、国科大合肥分校；其他7所分校在选址的时候，可以借鉴美国的伯克利、斯坦福，远离政治经济中心，坐落在环境优美的中小城镇。

在北京，中科院有30多个研究所，实力非常雄厚。如果能合并在一起，国科大北京分校的实力应该是极其强劲的，国科大北京分校类似于加州大学伯克利分校。作为城市，上海可以与洛杉矶媲美，上海科大加上上海众多的中科院研究机构，国科大上海分校的实力应可比UCLA。中科大如果改名为国科大合肥分校，并将位于合肥的中科院研究机构合并后，实力应类似于UCSD。如果真能做到这一点，并在体制、机制等方面进行大幅度改革，UCAS将有可能在未来10年内成为世界一流大学。

中国科学界需要有壮士断腕的决心才能脱胎换骨。不仅是国科大，希望我国所有的公立大学都应加强向以伯克利为代表的加州大学学习，让我国拥有越来越多的世界一流大学。到时候，诺贝尔科学奖将会如源头活水，不断涌现。

第 4 章

我在加州大学伯克利分校访问 Zadeh 院士

4.1　之一：初识与访问邀请

当初收到 Zadeh 院士的邮件，是他关于可能性（Possibility）和概率论（Probability）讨论的文章，认真读过，受益匪浅。更重要的是，这封信把我的思绪带回到多年前，我在加州大学伯克利分校访问的快乐时光。当时就这个专题 Zadeh 院士也组织过几次讨论。

我有幸在 2009 年 1 月至 2010 年 1 月期间去了伯克利，访问了 Zadeh 教授，在他的指导下，度过了 1 年学术研究生涯。本来回国后就想写一篇文章来总结这段访问经历，但回国之后一直忙忙碌碌，加上研究上也没有太大进展，不好意思写，唯恐辜负了加州大学伯克利分校的名声。

没想到弹指一挥间，已经回国多年了，如果再不写，恐怕我的记忆太模糊，对不起提出模糊理论的 Zadeh 院士。

I. 初识 Zadeh 院士

Zadeh 这个名字很独特，几乎没有重名的科学家，尤其在加州大学伯克利分校。他是第一个出现在非生、医、化、环、材五大领域的科学家，也可以说，美国工程院院士 Zadeh 院士是计算机、自动化、数学及人工智能等领域综合排名最靠前的学者。Zadeh 院士一直被称为模糊集合之父、模糊逻辑之父、模糊数学之父，也可以统称为模糊理论之父，却很少有人称他为美国工程院院士。我想以上称号代表的开创性远远超过院士头衔。在我访问期间，他更喜欢我们亲切地称呼他为 Lotfi，然后给我们一个热情的拥抱。

此外，Zadeh 院士指导博士生 Jang 将模糊系统的 5 个计算步骤转化为一个 5 层自适应网络，并进行学习和优化，试图用模糊理论将专家系统、优化技术、自适应网络三者的优点融为一体，Zadeh 院士将该模型命名为 ANFIS，目前使用次数超过 1.9 万次，也是一个奇迹。图 4-1 为 Zadeh 院士和他的学生们。

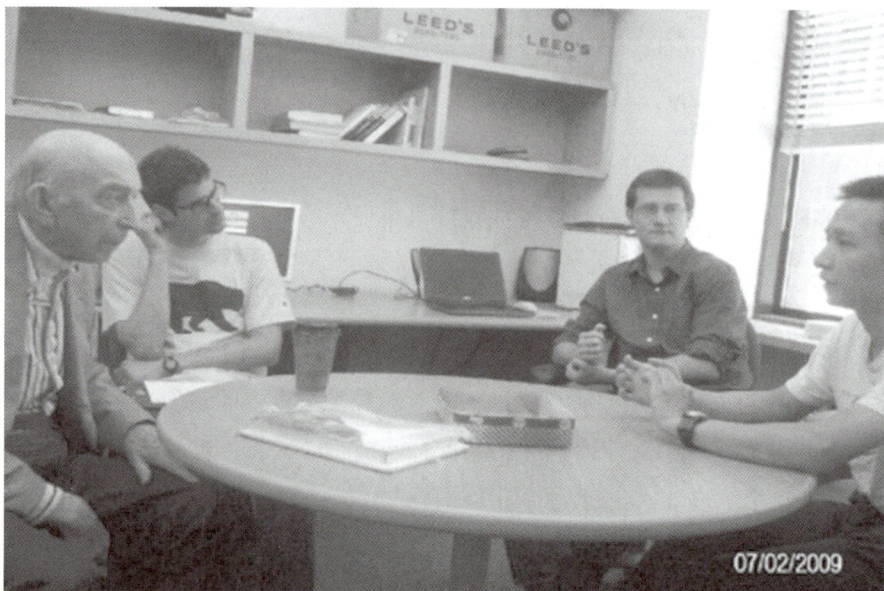

图 4-1　Zadeh 院士和他的学生们

我认识 Zadeh 院士时是在中国广州。2005 年，广州召开机器学习与控制论国际会议（ICMLC 大会）。当时，会议的征文通知上明确指出美国工程院院士、模糊理论之父、加州大学伯克利分校的 Zadeh 院士将出席大会，并做主题报告。当时，我刚博士毕业 2 年，还是一名普通的讲师，讲授本科模糊系统课程，也做了一些有关模糊理论在智能交通中的应用研究来应对考核。想到没有 Zadeh 院士的理论和方法，我年度考核可能就不能通过，甚至有被解聘的风险。看到 Zadeh 院士将要来中国的消息，我非常兴奋，立即决定投稿。运气不错，不久就收到录用通知，虽然当时经费很少，但我仍立即订了机票去广州。

ICMLC 大会开得相当成功，大会主席隆重介绍了 Zadeh 院士的经历和头衔，20 min 之后，Zadeh 院士终于登场。我的位置距离讲台不太远，Zadeh 院士身高约 170 cm，头上几乎已经没有头发。

Zadeh 院士非常有激情，报告的主题好像是讲 GTU，也就是不确定性的一般理论，即将模糊理论和概率论统一在不确定的大旗下。我知道有些概率论专家会对模糊理论大肆攻击，认为模糊理论能解决的问题概率论都能解决。Zadeh 院士当时已经有了以和为贵的思维，没去攻击概率论，而是说概率论和模糊理论相互补充，并力争将这两者统一于不确定理论中。4 年后，我在伯克利又听了一次同样标题的报告，当然内容更深刻了一些。后来，我到加州大学伯克利分校才知道，Zadeh 院士一个题目一般都研究 10 年才能取得一些突破性的进展，并且会继续该题目，开展新的工作。

会后，大家将 Zadeh 院士围住，提问的提问，合影的合影。我运气比较好，和 Zadeh 院士合了影。我与 Zadeh 院士合影如图 4-2 所示。到中午吃饭的时间，我们是普通票，吃的自助餐。根据惯例，Zadeh 院士应当在 VIP 包厢和大会主席等人一起共进午餐。当然，大会也是这么安排的。在我正准备吃饭的时候，突然看到 Zadeh 院士也端着自助餐坐在我们桌子旁边。后来才知道，是 Zadeh 院士主动要求和普通参会人员一起吃饭。Zadeh 院士一边吃饭，一边和青年人聊天。我的运气实在不错，很快轮到我发言了，我简要介绍了我的研究工作和模糊系统的教学，Zadeh 院士非常高兴。当然交谈的机会只有几分钟，就被其他人员打断了。能听到 Zadeh 院士的大会报告，我已经很满意了，没想到还有机会和 Zadeh 院士交流，这简直是意外惊喜，真是不虚此行。

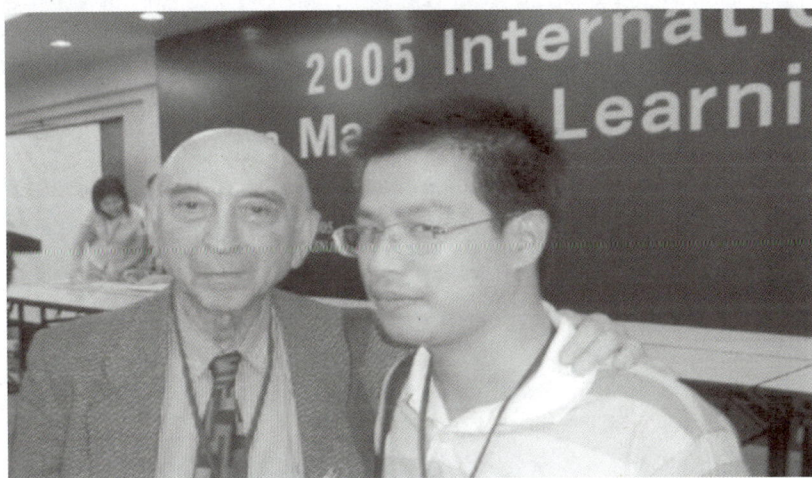

图 4-2　我与 Zadeh 院士合影

2. 申请访问 Zadeh 院士

从广州 ICMLC 会议见到 Zadeh 院士后，我的运气好像开始好转了，2005 年年底顺利评上了副教授；在申请研究生课程的时候，我又申请讲授软计算课程，这次我的运气依然不错，课程申请也很快被批准了。软计算也是 Zadeh 院士在 20 世纪 90 年代初提出的新理论，是在模糊理论基础上深入发展而成的。

  2008 年，我申请到国家留学基金资助，可以到美国访问一年。当时的规则是先拿到资助，再联系导师。我冒昧地给 Zadeh 院士写信，介绍我的工作，提到广州时和他的初见，并发了一份详细的简历和论文列表。没想到几天后居然收到 Zadeh 院士的回信，同意我去伯克利做他的访问学者，还特意提到每年都有几十个人申请，但他只有几个名额，这让我非常感动和兴奋。这也说明 Zadeh 院士有惊人的记忆力，对于 3 年前的事情竟然还有印象。Zadeh 院士还特意指出，应用模糊和软计算理论解决城市交通和轨道交通问题非常有意义，这让我倍受鼓舞。

  在填写完成大量的表格，盖了无数的章之后，我来到美国大使馆签证处。第一次签证没有直接通过，签证官在问了几个问题后留下材料进行审查。

4.2　之二：印象伯克利和再会 Zadeh 院士

　　2009 年 1 月 9 日，我从北京机场出发，经过 12 小时的飞行，终于到了美国加州旧金山。到了美国还是 1 月 9 日，在经过 2 天的倒时差、简单安顿和适应环境之后，我迫不及待地来到世界名校加州大学伯克利分校（图 4-3）。当时，在北京已经是冬天，加州却是阳光灿烂的夏天，校园里鲜花盛开，还有很多人穿着短裤在跑步，给我留下了深刻印象。

图 4-3　加州大学伯克利分校校园

　　伯克利是一个美丽的偏僻小镇，远离大都市，人口约 10 万人，以学生、教师、研究人员、访问学者和访问学生为主。伯克利依山傍海，风景优美，到处是草坪，到处是参天大树；旧金山湾区气候四季如春，几乎每天都能见到蓝天白云，空气质量指数为优更是家常便饭。在伯克利的校园中，草坪可以坐、可以躺，可以晒日光浴，也可以扔飞碟。我最喜欢的是在傍晚时分躺在草地上，一边看着蓝天白云，一边欣赏伯克利钟楼奏响的美妙音乐。

伯克利大师云集，有十多名诺贝尔奖获得者，140多名科学院院士，80几名工程院院士。在伯克利，院士没有特权，院士的办公室和普通助理教授的办公室几乎没有区别。伯克利从1868年建校以来，培养的诺贝尔奖获得者约70位，平均每隔2年就有1位，是真正的诺贝尔奖的摇篮，每年随便一摇，中奖率为50%。尤其在2009—2011年，有3位诺贝尔奖得主，不是伯克利培养的学生就是在伯克利工作的教授。从这个概率来看，伯克利明显超过了哈佛和麻省理工学院。虽然哈佛和麻省理工学院建校历史远远长于伯克利，但是其培养的诺贝尔奖得主数量也只是略多于伯克利，从这个角度看，伯克利才是美国最牛的大学。毋庸置疑，作为全美公立大学第一名的伯克利，是学术界的佼佼者，其声誉地位可媲美斯坦福，尤其在基础学科，如数理化和人文社科上位居前列。

学校位于旧金山湾区的山丘上，弯弯的山路上有许多特色咖啡馆，还有具有时代感的艺术馆、独立书店、音像店。学校周边餐馆的选择多而且菜品和价格实惠，墨西哥菜、意大利菜、韩国菜等，当然酒吧也不少。此外，伯克利被评为全美最激进、自由主义最盛行的校园之一，各种学生团体活动非常丰富。成为伯克利的学生，在享受学术的盛宴、城市的便利之余，也要做好面对多元文化冲击的心理准备。

伯克利学术自由，但是学习压力相当大。作为被评为期末考试难度第一的学校，平均成绩点数GPA也是出了名的。一条流传民间的伯克利学子的心声："在伯克利根本没时间哭，因为还忙着学习、学习、学习。"伯克利是加州大学的创始校区，也是美国最自由、最包容的大学之一；该校学生于1964年发起的"言论自由运动"在美国社会产生了深远影响，改变了几代人对政治和道德的看法。伯克利的学生，可以在全球50个学习中心学习，可以申请到出国交换学习的奖学金，或者在其他地方参加各种各样的实习。另外，在校园生活方面，因为是综合性大学，所以只要是你想要找的，在这里基本可以找到。比如，学校有滑翔伞俱乐部，是学习如何飞翔的。这非常适合自信且兴趣广泛的同学。所以也有这么一种说法：在伯克利，奇怪不可怕，无聊才可怕。

我见到了计算机系的秘书，办理了相关手续，拿到了校园一卡通。在Zadeh院士私人秘书的帮助下，预约了Zadeh院士。几天后，我终于在Soda Hall 729办公室再次见到了Zadeh院士。与4年前相比，Zadeh院士的身体明显没有以前硬朗，但是精神状态依然很好。Zadeh院士的办公室比较狭小，仅12~15 m²，完全没有我想象中的院士办公室气派，到处堆满了书籍和期刊。Zadeh院士的办公室如图4-4所示。Zadeh 院士对我的到来表示欢迎，并告诉我每周三中午，都会在 Soda 415 进行学术讨论。Zadeh 院士的办公室外贴满了他的日常安排、研究成果和主要的会议征文通知，还有一个文件袋，如果见不到他，可以把材料放在里面。

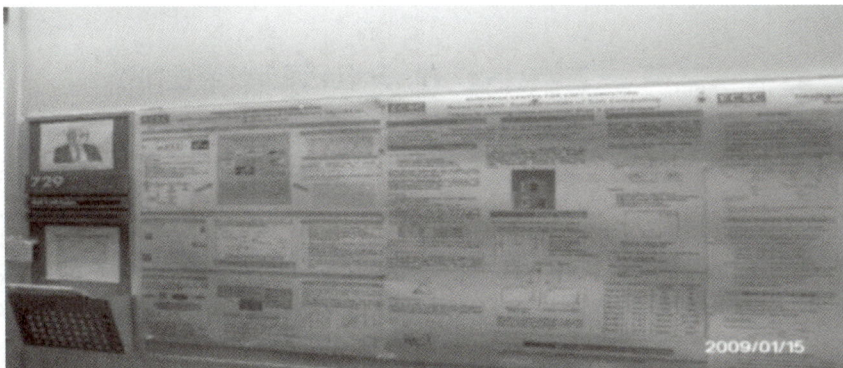

图 4-4　Zadeh 院士的办公室

对于我们普通人来说，是"活到老，学到老"，对于 Zadeh 院士来说，是"活到老，创新到老"。Zadeh 院士虽然已经退休多年，但他仍然坚持上班，研究问题、讨论问题、写论文、做报告，完全不是为了应付考核，因为 50 多年前他已经是终身教授，不需要年年应付考核了。

在 Soda Hall（图 4-5）和其他大楼有很多开放的会议室，不用预约，没有门，更没有锁，有相同兴趣的人可以随时讨论。在每层楼的过道上，都有饮用水设备，可以免费饮用。

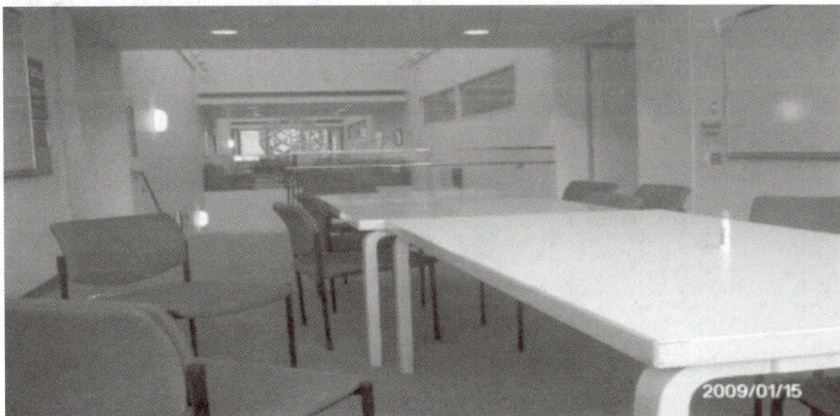

图 4-5　Soda Hall 中的会议室

在 Soda Hall 415 每周的研讨会中，Zadeh 院士都会带来一些小甜点和小故事。

4.3 之三：在 BISC 体会世界科学中心

Zadeh 创立的 BISC（Berkeley Initiative in Soft Computing）中心并不大，共有 3~5 个办公室，总面积 50~60 m²，只有 1 名教授（Zadeh 教授），1 名专职秘书（和另外 1 个教授的秘书分享一个办公室），2 名博士后，10 多名流动的访问学者和访问学生。

BISC 位于 Soda Hall，Soda Hall 是加州一对姓 Soda 的夫妇捐赠的。图 4-6 为我在 Sada Hall，几乎所有的大楼都是由富人和大公司捐赠的，大楼内一般都有捐赠者的雕像和介绍。仔细观察就可以发现，甚至每一把椅子背后都有捐赠者的姓名和捐赠目的。据说，伯克利一半左右的经费来自社会捐赠，其他著名的私立大学捐赠比例更高。美国除了伯克利和 UCLA（University of California，Los Angeles）加利福尼亚大学洛杉矶分校等少数是公立大学，其他一流的大学几乎都是私立大学。

图 4-6 我在 Soda Hall

BISC 的研究人员不多，来自世界各地：美国、加拿大、英国、西班牙、德国、法国、印度、中国。后来我逐渐发现，在伯克利的其他实验室也是类似的人员结构，很难在一个实验室碰到来自同一个国家的人，除了中国人和印度人。在我访问期间，还有 20~30 位来自世界各地的学者，因为出差或者开会，在伯克利逗留 1~2 天，并来 BISC 做学术报告。

在伯克利，我感受到了世界级科学中心的标准，不需要有多大的校园，多辉煌的建筑，多少经费投入，要有大量引领学术前沿的知名教授，还要有来自世界各地的研究生和访问学者，当然还要有一个安静美丽的校园和一个平等、轻松、自由的研讨环境。在伯克利，研讨会提供的各种食物和饮料，为活跃研讨气氛发挥了一定作用。

伯克利不仅是世界科学中心，也是美国言论自由（Free Speech）运动的发源地之一，学校到处都可以见到学生在演讲，观点涉及范围广泛，有反对政府政策的，有反对进化论的等，深刻影响了在伯克利的每一个人，校园中心位置还有一个 Free Speech Movement Café（图 4-7 为我在 Free Speech Movement Café），有不同观点的人可以进去喝一杯聊一聊，这也许是伯克利不断涌现有创新思维的著名学者的原因之一。

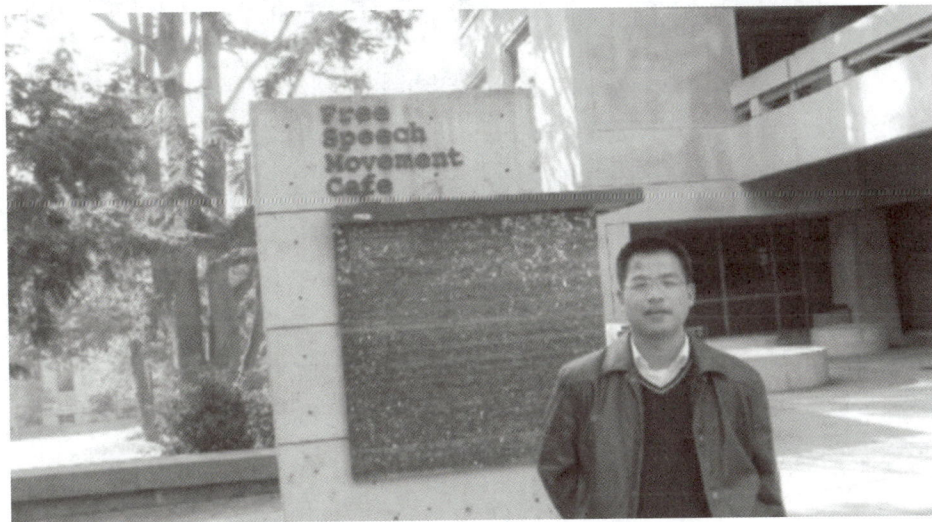

图 4-7 我在 Free Speech Movement Café

终于到了周三中午，我早早就来到了 Soda Hall 415 研究室，参加每周的例会，也是我在伯克利参加的第一次学术交流会。我和其他人员寒暄了一会儿，大约 12 点，Zadeh 院士来了，并带来一个甜点盒。大家都上去问好，我记得很多人都亲切地叫 Lotfi，只有我们少数人叫 Zadeh 教授，看来，还是 Lotfi 显得更亲切。

然后大家开始边吃甜点边聊天，这些甜点大部分是世界各地来访问 Zadeh 院士的人带来的礼物。在 BISC，可以品尝到世界各地各有特色的甜点。

在 BISC，每周开会一般会有一个人主讲，大家边听边发言，Zadeh 院士经常打断提问，Zadeh 院士年纪虽然大，但是思路很清楚，逻辑性也很强。如果讲不清楚，Zadeh 院士就把问题亲自写到白板上。学术交流会如图 4-8 所示。在美国，提问要抓住机会，因为没有人请你发言，也不必等到报告结束才提问。大约下午 1 点，秘书提醒比萨时间到了。然后大家一起去 Soda Hall 旁边的 Levis Pizza 店。秘书一般会点两个最大的比萨，一荤一素，因为有些人是素食主义者，还会要一杯可以免费续杯的大杯可乐，初步估算平均每人消费 6~8 美元，当然是 Zadeh 院士请客，秘书埋单，不用开发票，收据就可以了。

图 4-8　学术交流会

后来，我慢慢发现，很多学术报告交流会都会提供食物，有比萨，有汉堡，也有简单的自助餐。在伯克利听学术报告，不用担心饿肚子，也不用担心来的人太多，没有足够的食物，因为这样的报告实在很多。我经过实地考察，发现还是商学院的伙食最好。

老人都爱讲故事，Zadeh 院士是老人，所以 Zadeh 院士也爱讲故事。下节我们专门聊聊 Zadeh 院士最爱讲的几个故事吧。

4.4　之四：Zadeh 院士的传奇人生

我们专门聊聊 Zadeh 院士最爱讲的几个故事吧。

为了能够更方便读者理解，我将 Zadeh 讲的故事按照时间顺序串一下，这就构成了 Zadeh 院士的传奇人生。

1921 年 2 月 4 日，Lotfi Zadeh 出生在阿塞拜疆共和国首都巴库。父母都是伊朗人，父亲是伊朗一家主流报社驻巴库（Baku）的记者，同时也是一名商人。母亲是医生，Zadeh 院士是独生子，家里有女仆和管家，属于富人家庭。Zadeh 院士一家如图 4-9 所示。

图 4-9　Zadeh 院士一家

1931 年，食物危机，Zadeh 的父母带着 10 岁的小 Zadeh 回到了伊朗的首都德黑兰。在巴库，Zadeh 完成了小学 3 年级的功课。Zadeh 的父母将他注册到德黑兰一个美国教会学校，由于管理工作的疏忽，Zadeh 居然直接被注册到了 8 年级，当时他还不懂英语。Zadeh 说，他也不知道自己如何适应过来的，称那段时间为 "Miraculously I survived"（奇迹般地，我活了下来）。

Zadeh 好不容易读完了 8 年级。伊朗教育部颁布了一个新的命令：所有在国外学校读书的孩子必须在伊朗的学校至少读完 6 年级。于是，Zadeh 又进入一所伊朗小学重新读 6 年级。一年后，他重新回到美国教会学校读 9 年级。这真是一段传奇经历：从 3 年级直接到 8 年级，从 8 年级再到 6 年级，然后再从 6 年级到 9 年级。小时候的 Zadeh 就具有超出常人的适应能力和学习能力。

在教会学校，Zadeh 认同美国和美国价值观，他也在那里认识了他未来的妻子 Fay，尽管当时他们还不是很亲密的朋友。多年之后，二人在美国重逢，有情人终成眷属。Zadeh 的婚姻也有些传奇。

中学毕业后，Zadeh 报考了当时伊朗最好的大学——德黑兰大学。他以全国第三名的突出成绩顺利通过了考试，并成为当时学校的名人之一。在德黑兰大学，Zadeh 说他最大的收获就是确立了他的人生信条：Nonconformity，可以翻译为"不随大流"或者是"特立独行"。

1942 年，Zadeh 以优异的成绩毕业于电子工程系。当时，伊朗是受盟军控制的地区。Zadeh 的父亲掌管一家给盟军供应建筑材料的公司，他们过着上层社会的生活，有女仆，有司机，有管家。

Zadeh 毕业后，由于英语流利，所以担任了他父亲公司和盟军波斯湾司令的中间人和翻译，收入很高。但是这种生活不是 Zadeh 所追求的，他内心一直感觉被召唤：去美国学习最前沿的科学技术。于是他开始申请入学麻省理工学院。1944 年，他来到了麻省理工学院，感觉进入了一个新时代，他疯狂地吸收各种新的思想。

在麻省理工学院学习了一年半之后，在 1946 年 2 月，Zadeh 顺利拿到了电子工程专业的硕士学位。

在麻省理工学院求学期间，Zadeh 的父母来到纽约生活，他以前的女同学 Fay 也来到这里。他乡遇故知，才子遇佳人，年轻的 Zadeh 和美丽的 Fay 很快陷入爱河。刚刚拿到硕士学位一个月以后，热恋中的 Zadeh 和 Fay 就结婚了，他说 "My move to Columbia university and marrying Fay were decisive events in my life"（搬到哥伦比亚大学以及和 Fay 结婚是我人生中的决定性事件。）。图 4-10 为 Zadeh 院士与他的妻子。

图 4-10　**Zadeh** 院士与他的妻子

有一次，Zadeh 在伯克利的餐馆请大家吃饭，Fay 也参加了，虽然已经 80 多岁高龄，依然能看出当年是一个光彩照人的美女。图 4-11 为 Zadeh 院士在餐馆。Fay 不仅是美女也是才女，写过一本销售量不错的书——*My life and travel with the father of fuzzy logic*。据 Zadeh 介绍，他十几年前，最多一年出国访问 50 多次，平均一周 1 次，这也是一个传奇。

图 4-11　**Zadeh** 院士和妻子、友人在餐馆

短短 3 年时间，Zadeh 在 1949 年顺利拿到了博士学位，博士期间研究内容是关于时变网络的频率分析。当年的美国和现在的中国差不多，优秀的博士毕业后一般都留校工作。Zadeh 博士毕业后，在哥伦比亚大学留校任教。此时，Zadeh 迎来了第一个创作高峰，平均每年发表 10 余篇论文，凭借突出的表现，Zadeh 在 1954 年被评为副教授，1957 年破格成为正教授，并成为当时系统分析和信息系统领域的知名专家。

当时哥伦比亚大学电子工程系和美国空军支持的实验室 ERL 合作，ERL 希望电子工程系将 Tenure 职位给实验室的雇员。为了获得更多的研究经费，电子工程系做出了妥协。Zadeh 把这类研究称为"以金钱为中心（Money-Centricity）的研究"，非常失望。峰回路转，Zadeh 收到伯克利的电子工程系主任 John Whinnery 教授的邀请。于是 1959 年 7 月，Zadeh 决定举全家离开哥伦比亚大学，离开他舒适的终身教授职位，来到伯克利任教，开创新的研究领域，谱写新的传奇。

1963 年，尽管 Zadeh 对于行政管理不感兴趣，他还是接受了电子工程系主任的任命。

由于对计算机科学（CS）发展前景具有极强的洞察力，他担任系主任期间，最重要的事情就是率先在全美国将电子工程和计算机科学合并成为第一个 EECS 系。后来很多大学纷纷效仿，多年以后，Zadeh 被授予 IEEE Education Medal。

1964 年 7 月，Zadeh 到纽约参加一个会议，住在父母家。他约了一个朋友吃晚饭，但是朋友临时有事，所以饭局取消了。闲得无聊的 Zadeh 开始思考他一直思考的一个问题：集合边界的不清晰性（Unsharpness of Class Boundaries），突然模糊集合这个概念进入了他的脑海，他马上提笔写下关于模糊集合的论文，经过几个小时的努力，终于完成了论文草稿，该论文目前引用量也是一个传奇。这就是模糊理论的起源。

自此之后，Zadeh 独立开创了一个新的学派，成为模糊理论的开山鼻祖。

4.5　之五：特立独行的 Zadeh 院士

莎士比亚说"There are a thousand Hamlets in a thousand people's eyes"（一千个观众眼中有一千个哈姆雷特）。Zadeh 院士经历传奇，阅历丰富，作为模糊理论的开山鼻祖，结识之人数以万计。在不同人的眼中，有不同的 Zadeh 院士。下面谈谈我眼中的 Zadeh 院士，一孔之见，犹如盲人摸象而已。

估计 Zadeh 院士没有学过我国唐代诗人贾岛的《剑客》一诗："十年磨一剑，霜刃未曾试。今日把示君，谁有不平事？"但他的确是"十年磨一剑"精神的信仰者和实践者。与我们整天追逐热点的研究截然不同，Zadeh 院士不只是"十年磨一剑"，而是持续磨剑 50 年不停歇，可谓学界传奇，终于磨出了 6 把削铁如泥的宝剑：1965 年 Fuzzy Set，1973 年的模糊集合（Fuzzy Logic），1981 年的可行性理论（Possibility Theory），1990 年的软计算，2002 年的词语计算（Computing with Words），2010 年 GTU。

Zadeh 院士写的绝大部分论文只有一个作者，就是他自己。引用次数超过 1 000 次的论文约有 20 篇。这些高水平论文中只有一篇是和动态规划之父、美国科学院院士 Bellman 合作的。与我们大量的挂名论文相比，Zadeh 院士不愧为学术界的独行侠。

Zadeh 院士曾经对我的 2 篇论文给出了具体的修改意见，我想挂他的名，被他委婉地拒绝了。后来我才知道，即使是自己指导的博士生，Zadeh 院士也不轻易在学生的论文上挂名。不挂名，一方面说明 Zadeh 院士对自己的研究有足够的自信，另一方面也说明他对年轻人有信心，或者说不愿意瓜分年轻人的研究成果。经过大师指导的论文，被著名的 SCI 期刊录用了。

Zadeh 院士虽然是学术界的泰斗，但是一点架子也没有。记得有一次，他特意请了一个反对模糊理论的助理教授来介绍概率论和贝叶斯网络，大家讨论非常激烈，但是都很高兴。Zadeh 院士对每个人的报告都是以鼓励赞扬为主。有次轮到我作报告，我介绍了有关软计算在轨道交通中的应用，Zadeh 院士也给予了很大的鼓励和赞扬。尤其在最后访问评价中，给了我很高的评价，甚至对我的开会发言和对他提出的问题写邮件求解都记得很清楚。其实，具体评价是什么不重要，关键是给予的信心，正所谓黄金有价，信心无价。

Zadeh 院士的论文中直接引用了美国科学院院士 Kalman 对模糊理论猛烈批判的观点，并在论文写道：我的好朋友 Kalman 对我的理论持有不同意见。Zadeh 院士对于有关他的批评和指责一点也不生气。看来，Zadeh 院士已经深得中国以和为贵思想的精髓，为了科学界的和谐，不用激烈的言辞去反驳那些猛烈的批判，而是通过写论文来温和地解释。概率论的学者说模糊理论没有用，Zadeh 院士却说这两个理论是互补的，都是研究不确定性的一种方法，而且最好能统一起来，形成 GTU。

由于 Zadeh 院士的人格魅力，世界各地到伯克利访问的学者络绎不绝，我记得最多的一次，一周有 3 个来自不同国家的专家来访问 BISC 中心。Zadeh 院士与访问学者如图 4-12 所示。对一些远道而来的客人，Zadeh 院士有时会请大家去附近的餐馆吃中国菜。这个餐馆在伯克利算是比较高级的，但与中国本地的餐馆比，就是一个非常普通的家常菜馆，人均消费在 15~20 美元之间。看来，美国也不是处处领先，至少在餐饮方面，我们要领先很多。

图 4-12　Zadeh 院士与访问学者

尽管 Zadeh 院士的理论被很多国家的学者推崇，但他的理论在美国一直处于边缘状态，并不被主流学术界认可。我们一起讨论过此事，他说可能是因为名字没有起好，但是当时很难想到一个更好的名字，现在也不可能改了。

开始我以为 Zadeh 院士是美国科学院院士，后来才发现他是美国工程院院士。通过秘书了解到 Zadeh 院士没有主持过很大的工程项目。奇怪的是，项目不大，团队人员很少，既没有申请院士，也没有经费去到处活动，竟然当选了院士。看来，美国工程院是为了表彰他的理论在解决实际工程问题中发挥的重要作用，才授予他工程院院士的称号。

Zadeh 院士没有领导或者组织大的项目，而是醉心于 GTU。2009 年，他至少在伯克利做了 2~3 次较为大型的学术报告，介绍他的想法和理论进展。Zadeh 院士，一个不做工程的工程院院士，再次证明了他的人生信条：不随潮流，特立独行！

4.6　引用超过 11 万次的 Zadeh 院士原创性论文的奥秘

我有幸于 2009 年访问了美国加州大学伯克利分校，有幸在 Zadeh 院士的实验室 BISC 访问学习了 1 年，还在计算机系旁听了一年的免费课程。每周 Zadeh 院士都有一个研讨会，一般在周三中午（讨论会上有甜点，会后有聚餐）；Michael Jordan 教授（美国科学院院士，机器学习的开创者之一）每周也搞一个茶会——MLTea（Machine Learning Tea），一般是每周五下午（边喝边聊）。

虽然吃了 Zadeh 院士的很多比萨、甜点，甚至中国菜，喝了 Jordan 教授的很多的可乐、咖啡和饮料，但遗憾的是，自己的原创能力没有得到很大的提高。好在通过耳闻目睹，也增加了一些见闻，分享一下 Zadeh 院士一篇引用量已经超过 11 万次（图 4-13）的佳作：伯克利一位传奇学者的传奇论文。

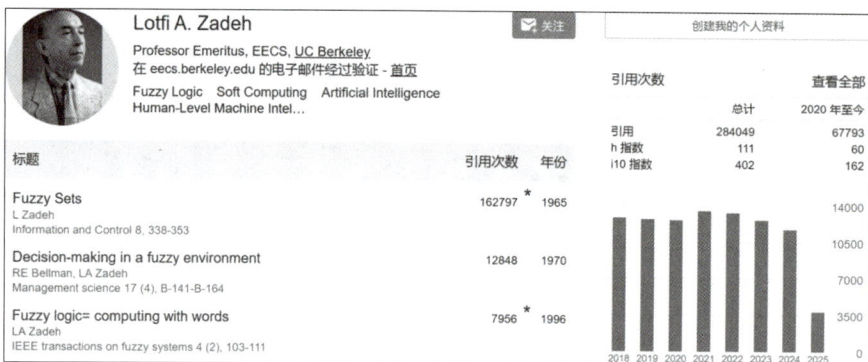

图 4-13　Zadeh 院士的传奇论文

这篇传奇论文，我认为揭示了以下 3 个原创的奥秘。

其一，这篇论文所需要的科研经费是 0 美元，并且还节省了一顿饭钱。因为原本 Zadeh 院士晚上要和一位朋友共进晚餐，结果朋友有事爽约。Zadeh 院士一个人在宾馆无事可做，于是想起了一直在思考的有关集合边界的问题，突然

Fuzzy Sets 这两个词出现在脑海中，于是提笔写出了这篇原创论文。

所以，搞原创，经费不是最主要的，更主要的是灵感和安静的环境，能有时间静下心来思考问题，要少饭局少应酬。有闲比有钱更重要，心静比忙碌更重要。如果 Zadeh 院士那天参加饭局了，也许模糊之父就另有其人了。

其二，这篇论文，最重要的是观念的突破，突破了传统集合论非此即彼（非0即1）的概念，变成一个从 0~1 之间连续的概念。所以，原创未必非常深奥，重要的是观念的突破，思路的转变。

其三，这篇论文当时看来一点用没有，而且在饱受批评 10 年之后才出现第一个应用。尽管在发表后的十年里，模糊理论受到了主流科学家的反对，支持者是少数，但模糊理论在争议声中顽强地发展起来，一系列以模糊开头的概念、理论、方法破茧而出。*Fuzzy Sets* 论文在 Google Scholar 被引用次数高达 140 309 次，是科学史上屈指可数的高引用论文之一，显示了其对后世的巨大影响力。

2009 年在伯克利，一名记者来实验室采访，Zadeh 院士骄傲地说日本在家电制造业领域应用他的理论，已经产生了数千亿美元的产值。有时在讨论会上，我问 Zadeh 院士，他的一些新想法有什么用，能解决什么问题。他回答："I do not know, maybe you should do something."（我不知道，也许你可以做点什么。）所以原创未必当时就有用，用急功近利的心态做原创是难以成功的。以上，是我个人的一些粗浅认识，供大家批评指正。

论文引用次数是表现论文水平和影响力的一个重要标志，他引次数当然更客观，尤其是排除刻意引用的他引次数。

如果用论文的累计引用次数，特别是论文发表 5 年之后的引用总次数来评价论文水平和影响力，还是比较公正客观的。华罗庚先生提出，"早发表、晚评价"才是科学严谨的论文评价方法。一般来说，论文发表 5 年后，引用次数超过 1 000 次就是普通经典论文了；引用次数超过 1 万次是非常经典论文；如果引用次数超过 10 万次，就是超级经典论文，如此高的引用不可能人为操控，该论文很可能是该领域的开山之作，也可能是里程碑式的进展或重大突破，可以称为传世之作。

作为硕士生和博士生导师，根据多年投稿及审稿经验，我总结了写论文的几个技巧，在这里供大家参考。

（1）积极可视化的艺术：从图开始。

在职业生涯的早期，我从成名的同事那里学到了一个很好的策略，那就是文章从图开始，甚至在写论文和收集数据之前就开始。

这对论文的逻辑和流程有很大帮助，图中的空缺和漏洞反映了还有哪些未完成的工作，这有助于预估时间。

（2）概述逻辑和叙述：在这个阶段获得大量的反馈，然后进行迭代和优化。

在写文章之前，以流程图的形式写下观点的逻辑顺序以及两者间的关系，经常与同事和导师讨论这个问题，这些将使文章更清晰。

（3）最好的叙述不是按工作的时间顺序。

不需要按照事情发生的顺序来讲述故事，如果这样做，可能很难让别人看懂。应设计一个流畅、易于理解和吸引读者的顺序。

（4）自豪地站在巨人的肩膀上，清楚地描绘前人工作完成的时间以及后续发展。

文献综述应该提到前人的研究，他们的工作构成了你研究项目的基础，之后，用新的段落清楚地过渡到你的新努力/假设/尝试。切记，将前人的工作和你的工作清楚地划分出来。

（5）危害和解决方法应该是相称的、彼此成比例的，并且应该精确地制定。

在撰写学术论文时，确保危害和解决方法相称、成比例且精确制定是构建有说服力论点的关键。这意味着研究者首先需要对问题的危害进行全面分析，明确其影响范围和严重性，然后设计出既能够有效解决问题又不至于过度的解决方案。这些方案应该基于实证数据和理论支持，确保其可行性和有效性。同时，研究者需要考虑解决方案的长期可持续性、伦理和社会影响。

（6）论文达到90%的完美程度就可提交。

审稿人通常会要求你做更多的工作，但你很难预测他们到底想要什么？但这正是同行评审过程的魅力所在，即我们从审稿人的反馈中学到的东西有巨大的信息量和价值，却无法预测这些会是什么。审稿人总是会发现一些东西，这些东西总是让论文变得更好。为审稿人创造一个机会，让他们提供有价值的反馈。在他们的帮助下，你能够了解到你需要什么来完善这篇论文。

论文有一些缺陷是可以的，但必须有足够高的质量和严谨性，以便与审稿人进行实质性对话。另外，即便你认为你的论文是完美的，审稿人可并不会这么认为。

第 5 章

从神经网络三剑客到深度学习三剑客

5.1　Flank Rosenblatt

　　弗兰克·罗森布拉特（Frank Rosenblatt）如图 5-1 所示，1928 年出生在纽约，1956 年取得康奈尔（Cornell）大学博士学位后留校任教。他的研究方向为心理学和认知心理学，其研究的感知机系统理论对后来深度神经网络的发展起了重要的推动作用，因此他也被认为是神经网络的创立者。目前应用非常广泛的神经网络技术最早受到人类神经元的启发，通过模拟人脑神经网络从而实现类人工智能的功能。1949 年出版的《行为的组织》一书中，Hebb 提出了神经心理学理论，他认为神经网络的学习过程最终发生在神经元之间的突触部位，突触的联结强度随突触前后神经元的活动变化，变化的量与两个神经元的活性之和成正比。Rosenblatt 受到这种观点启发，认为这足以创造一个能够学会识别物体的机器，于是在 1956 年创建了相关算法和硬件，并于 1958 年在《纽约时报》（New York Times）上发表文章 "Electronic 'Brain' Teaches Itself"，正式把算法命名为感知机。

图 5-1　Frank Rosenblatt

在感知机理论的新闻发布会上，Rosenblatt 还在现场演示了该算法学习并识别简单图像的过程（图 5-2），在当时引起了轰动，并带来了神经网络的第一次大繁荣。许多学者和科研机构纷纷投入神经网络的研究中，甚至美国军方也大力资助了神经网络的研究，并认为神经网络的研究比原子弹工程更重要。《纽约时报》抓住了该次发布会的要点："海军透露了一种电子计算机的雏形，它将能够走路、说话、看、写、自我复制并感知到自己的存在……"据预测，不久以后，感知机将能够识别人类个体并叫出他们的名字，甚至能够立即把演讲内容翻译成另一种语言并写下来。

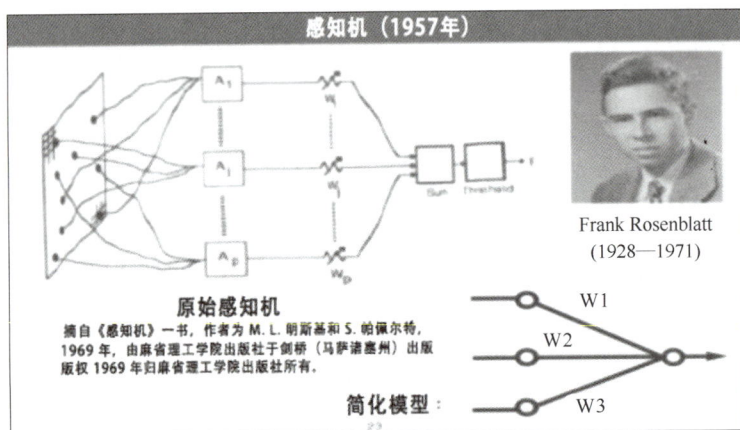

图 5-2　原始感知器

现在再看这篇报道，就能看出 Rosenblatt 感知机理论的强大性和预见性了。果不其然，之后出现的多层感知机以及各种深度神经网络算法，均具有强大的自学习能力和非线性映射能力，成为人工智能技术领域最热门的技术之一。但是和所有先驱一样，Rosenblatt 开创性的工作在当时并没有得到认可，由于他认为感知机系统能做的事情远超人类的想象，人们普遍认为 Rosenblatt 在天方夜谭，像小孩子一样想象着未来。好景不长，达特茅斯会议的组织者明斯基，同时也是 Rosenblatt 的同事兼中学同学，在一次会议上和 Rosenblatt 激烈辩论认为神经网络并不能解决人工智能的问题。随后，明斯基和麻省理工学院的另一位教授佩珀特（Seymour Papert）合作，编写了《感知机：计算几何学》（*Perceptrons：An Introduction to Computational Geometry*）一书。该书几乎对处于萌芽中的神经网络理论判处了死刑，书中明斯基和佩珀特证明单层神经网络不能解决异或（XOR）问题，说明神经网络的计算能力实在有限。但感知机的缺陷被明斯基以一种敌意的方式呈现出来，当时对 Rosenblatt 是个致命打击，不久后他因一次沉船事故离开了人世。原来的政府机构也逐渐停止对神经网络研究的支持，以神经网络为代表的连接主义也随之进入了第一个低谷期。直到 20 世纪 80 年代，随着新一代科研人员的逐步成长，相关研究才得以恢复。随着计算能力的提高以及反向传播技术的发展，人们对神经网络重新产生了兴趣。由于科研人员对感知机技术的不断改进和优化，其应用领域也不断扩大，而后出现的深度神经网络具有强大的自学习能力和非线性映射能力，让机器在一定程度上实现了人类的"智能"。

Rosenblatt 没能度过 AI 的寒冬。1971 年，他 43 岁生日那天，在切萨皮克湾（Chesapeake Bay）乘单桅帆船出海时溺水身亡。但是 Rosenblatt 知道，他在打一场漫长的"比赛"。奥布莱恩在他的追思会上说："他永远不会像那些审慎小心的教授那样，从物理宇宙中挑选出一些能在一两年内出成果的、细微的领域进行研究。相反，他会主动挑战目之所及的最大的问题，然后将自己投入到对它的学习当中。他不会考虑如果自己选错了，或者选了一个 10 年或 20 年都无法出成果的领域，他确实经常这么做，这反过来会对他不利。他从不会以这种方式工作。" Rosenblatt 的 Mark I 感知机现今留存在史密森学会（Smithsonian Institution）。2004 年，IEEE 设立了 IEEE 弗兰克·罗森布拉特奖（Frank Rosenblatt Award）。在 Rosenblatt 以前的学生眼中，即使丢掉了美国政府每年几十万美元资助，他似乎也从未对此感到过痛苦。奥布莱恩说："让他感到抱歉的是同事和学生，但这并没有像许多人想象的那样，对他产生多少情感上的影响。他揭开了那张面纱，后来人因此能够检视其中所有的可能性，并意识到这些创想能被人类所把握。"

5.2　John Hopfield

John Hopfield（图 5-3）出生于 1933 年，美国物理学家，美国科学院院士，1982 年发明了著名的联想神经网络——Hopfield 网络。Hopfield 对人脑如何产生意识和智能着迷，试图利用物理学的知识解答如何通过输入部分不完整的信息得到完整的记忆。Hopfield 认为：人脑就是一个动力系统，是巨量神经元组成的网络型动力系统，人脑的思维可理解成动力系统随时间的演化过程，其存在很多吸引子，而记忆、决策可以被认为是动力系统在吸引子作用下的运动状态。Hopfield 最大的创新就是首次利用 Lyapunov 方法证明了按照 Hebb 法则设计权重的神经网络的稳定性。

图 5-3　John Hopfield

Hopfield 从固态物理学开始了他的职业生涯。在近 60 年的时间里，他利用自己的知识和经验跨越了学科之间的界限，例如，阐明了生物和生化过程背后的物理概念。Hopfield 是一个真正的冒险家，他不注重纪律约束，他更关心的是提出问题，并找出潜在的解决方案，一旦问题产生就会继续前进。

Hopfield 于 1954 年在斯沃斯莫尔学院获得物理学学士学位，1958 年在康奈尔大学获得博士学位。1958 年，他作为技术人员加入著名的贝尔实验室后，开始了固体物理学家（利用量子力学、结晶学、电磁学和冶金学研究固体物质）的职业生涯。他把自己孜孜不倦的职业素养归功于他在贝尔实验室遇到的专家和他们的研究质量，以及他在那里必须达到的高标准。在贝尔实验室 Hopfield 认识到，他的才能体现在为复杂问题找到简单的答案。但是，他对一个话题了解得越多，他的问题就越深入，就越难将他的研究局限于固态物理领域。他的科学研究开始与许多领域交叉，这不仅启发了其他物理学家，也启发了生物学家、工程师、计算机科学家和心理学家。1974 年，Hopfield 对遗传学领域作出了重大贡献，他证明了基因表达的高度精确性可以通过称为动力学校对的耦合化学反应来解释。Hopfield 还将动力学的校对描述为生物反应中纠错的机制，如蛋白质合成，它在基因表达的所有步骤以及免疫系统识别外来物质的能力中都是必不可少的。

但 Hopfield 并不会在任何特定问题上纠缠太久。他形容自己是那种什么都愿意尝试，而一旦理解达到可以接受的水平，就更愿意继续前进的人，这也激发了他向更复杂的问题探索的动力。20 世纪 80 年代，Hopfield 大胆地将注意力集中在宇宙中最复杂、最难以捉摸的系统上——人类大脑，约 40 年后的今天，他仍在继续探索人类大脑的奥秘。

1982 年，Hopfield 开发了 Hopfield 神经网络模型来解释大脑如何记忆。Hopfield 神经网络模型解释了神经元系统如何通过相互作用产生稳定的记忆，以及神经元系统如何应用简单的过程来完成基于部分信息的整个记忆。这种方法进一步鼓励了新一代物理学家以全新的视角看待其他复杂的相互作用系统，并扩展到其他科学领域。Hopfield 神经网络模型的影响在当代物理学、生物学和计算机科学等多个领域都很明显。通过构建一个能够模拟人脑某些功能的人工神经网络，机器可以利用它来存储"记忆"。这一技术进一步掀起了深度学习技术的浪潮，让机器拥有了可以独立观察、学习和记忆的能力。

Hopfield 获得的众多奖项也反映了他职业生涯中的跨学科特点。他的荣誉包括神经科学学会理论和计算神经科学奖（2012 年）、宾夕法尼亚大学工程与应用科学学院的哈罗德·彭德奖（2002 年）、国际理论物理中心的狄拉克奖章和奖（2001 年）以及国际神经网络学会的亥姆霍兹奖（1999 年）。

5.3　David Rumelhart

David Rumelhart（1942—2011），是美国著名的认知心理学家，主要从事认知神经科学和人工智能方面的研究。David Rumelhart 的研究从描述语义网络中长时记忆的特点开始，他在这方面所做的工作对 20 世纪 70 年代认知心理学的兴起做出了巨大的贡献。

David Rumelhart 于 1963 年在南达科他大学获得心理学和数学学士学位，1967 年在斯坦福大学攻读心理学和数学并获得博士学位，1967—1987 年，在加州大学圣迭戈分校的心理学系任职，1987—1998 年，在斯坦福大学担任教授。

David Rumelhart 开发了人类认知各个方面的模型，从运动控制、故事理解、视觉字母识别再到隐喻和类比。1975 年，他与 Don Norman 和 LNR 研究小组合作提出了"认知研究"相关理论，并在 1986 年与麦卡锡和 PDP 研究小组合作研究"并行分布式处理：认知微观结构的探索"相关课题。Rumelhart 掌握的以人类认知为基础的正式方法，包括图式理论和感知机模型，并提出了功能强大的反向传播学习算法用于训练神经网络，也就是我们现在常见的 BP 神经网络算法。

1986 年，Hinton 联合同事 David Rumelhart 和罗纳德·威廉姆斯（Ronald Williams），发表了一篇突破性的论文，详细介绍了一种叫作反向传播的技术。普林斯顿计算心理学家乔恩·科恩（Jon Cohen）将反向传播定义为"所有深度学习技术的基础"。

归根结底，今天的人工智能就是深度学习，而深度学习就是反向传播。我们很难相信反向传播已经出现了 30 多年。为什么它会在沉寂多年后突然爆发？其实，当你理解了反向传播的发展历史，就会明白人工智能的现状，并且意识到我们也许并非处于一场变革的起点，而是终点。

神经网络通常被比喻成一块有很多层的三明治。每层都有人工神经元，也就是微小的计算单元。这些神经元在兴奋时会把信号传递给相连的另一个神经元（和真正的神经元传导兴奋的方式一样）。每个神经元的兴奋程度用一个数字代表，如 0.13 或 32.39。两个神经元的连接处也有一个重要的数字，代表多少兴奋从一个神经元传导至另一个神经元。这个数字用来模拟人脑神经元之间的连接强度，数值越大，连接越强，从一个神经元传导至另一个神经元的兴奋度就越高。

实际上，图像识别是深度神经网络最成功的应用之一。HBO（Home Box Office，HBO 电视网，简称 HBO）的电视剧《硅谷》中有这样一个场景：创业团队开发了一款程序，能够辨认图片中有没有热狗。现实生活中确实有类似的程序，但这在 10 年前是无法想象的。要让它们发挥作用，首先需要一张图片。举一个简单的例子，让神经网络读取一张宽 100 像素、高 100 像素的黑白照片，输入层每一个模拟神经元的兴奋值，即每一个像素的明亮度。那么，在这块三明治的底层，一万个神经元（100×100）代表图片中每个像素的明亮度。神经网络图像识别原理如图 5-4 所示。

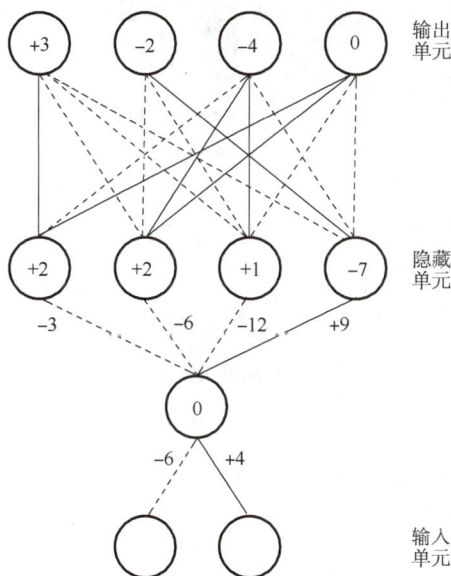

图 5-4 神经网络图像识别原理

以上图解来自 Hinton、David Rumelhart 和罗纳德·威廉姆斯有关误差传播的开创性著作。

反向传播的原理极其简单，但它需要大量的数据才能达到最佳效果。正因如此，大数据对人工智能至关重要。正是出于这个原因，Facebook（脸书）和 Google（谷歌）对大数据求之若渴，Vector Institute 决定在加拿大最大的 4 家医院附近设立总部，并与他们开展数据合作。

David Rumelhart（图5-5）清楚地认识了什么是认知科学。他认为，要使认知科学成为一门学科，就必须有正式的理论。他锲而不舍的探索精神也决定了他在认知心理领域和神经网络领域上的突出贡献，他的成就和贡献使其1991年成功当选为美国科学院院士，1996年获得美国心理学会颁发的杰出科学贡献奖。

图5-5　David Rumelhart

1986年，David Rumelhart、Hinton等人提出了反向传播算法，也就是我们通常所说的BP算法。BP算法是现在深度学习中仍然被使用的训练算法，奠定了神经网络走向完善和应用的基础。BP网络是前文提到的感知机的层次化，而多个BP网络的层次化将在未来带来技术升级，这是神经网络复兴的关键一步。BP算法的大获成功给了科学家重拾神经网络研究的激情与信心。然而，计算机算力的限制还是未能使该理论在应用中充分发挥出作用。几年之后，AI发展迎来了第二次寒冬。

5.4　Geoffrey Hinton

Geoffrey Hinton（图5-6）于1947年出生在英国温布尔顿，是著名的计算机学家、心理学家，被称为"神经网络之父""深度学习鼻祖"。他的父亲Howard Hinton是一名昆虫学家，母亲Margaret Clark是一名教师，由于出生在科学家世家，在Hinton成长的过程中，他的母亲给了他两种选择：要么成为一名学者，要么就做个失败者。他的家庭因素在一定程度上造就了他之后的传奇人生。1970年，Hinton在英国剑桥大学获得文学学士学位，主修实验心理学；1972年，25岁的Hinton在爱丁堡大学攻读博士学位，并把神经网络作为研究重点。他研究使用神经网络进行机器学习、记忆、感知和符号处理的方法，并在这些领域发表了超过200篇论文。他是将反向传播算法引入多层神经网络训练的学者之一，还联合发明了玻尔兹曼机。他对于神经网络的其他贡献包括分散表示、时延神经网络、专家混合系统、亥姆霍兹机等。

图 5-6　Geoffrey Hinton

1978年，他在爱丁堡大学获得哲学博士学位，主修人工智能。此后，Hinton曾在萨塞克斯大学、加州大学圣迭戈分校、剑桥大学、卡内基梅隆大学和伦敦大学学院工作。Hinton 是加拿大机器学习领域的首席学者，是加拿大高等研究院赞助的"神经计算和自适应感知"项目的领导者，是盖茨比计算神经科学中心的创始人，目前担任多伦多大学计算机科学系教授。

Hinton 是鲁梅哈特奖的首位获奖者，1998 年当选皇家学会会士。2005 年，Hinton 获得 IJCAI 杰出学者奖终生成就奖，同时也是 2011 年赫茨伯格加拿大科学和工程金奖获得者。2012 年，Hinton 获得了加拿大基廉奖（Killam Prizes，有"加拿大诺贝尔奖"之称的国家最高科学奖）。

2013 年 3 月，谷歌收购 Hinton 的公司 DNN Research 后，他便加入谷歌。直至目前一直在谷歌大脑（Google Brain）（图 5-7）担任要职。在他的带领下，谷歌的图像识别和安卓系统音频识别性能得到大幅度提升。他将神经网络带入研究与应用领域，将深度学习从边缘课题变成了谷歌等互联网巨头仰赖的核心技术，并将反向传播算法应用到神经网络与深度学习中。

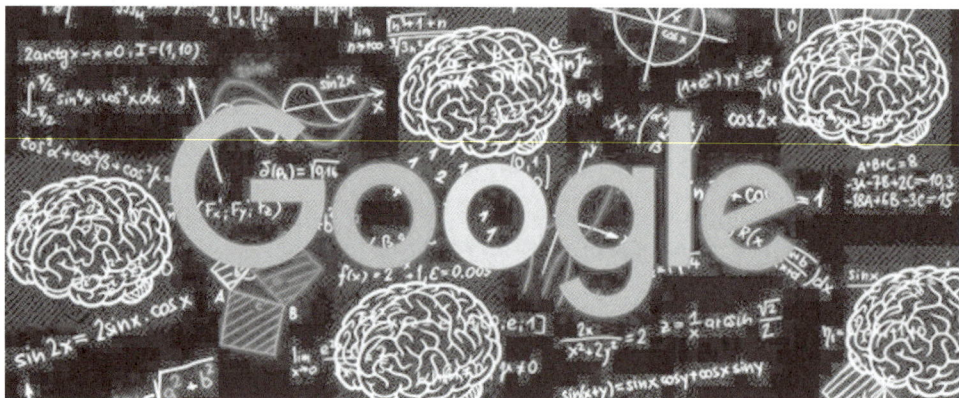

图 5-7　谷歌大脑

在人工智能领域最顶尖的研究人员当中，Hinton 的引用率最高，超过了排在他后面三位研究人员的总和。他的学生和博士后领导着苹果、Facebook 和 OpenAI 的人工智能实验室，Hinton 是谷歌大脑人工智能团队的首席科学家。

事实上，几乎人工智能在最近 10 多年里取得的每一个成就，包括语音识别、图像识别以及博弈，在某种程度上都能体现 Hinton 的工作。

Vector Institute 研究中心进一步升华了 Hinton 的研究。Vector Institute 成员如图 5-8 所示。在这里，谷歌、Uber、Nvidia 等美国和加拿大的公司正努力将人工智能技术商业化。资金到位的速度比雅各布想象得更快，他的两个联合创始人调研了多伦多的公司，发现他们对人工智能专家的需求量是加拿大每年培养人数的10倍。

图 5-8　Vector Institute 成员

某种意义上，Vector Institute 研究中心是全球深度学习运动的原爆点，无数公司靠这项技术谋利，并一直训练它、改进它、应用它。到处都在建造数据中心，创业公司挤满了摩天大楼，新一代学生也纷纷投身这一领域。

5.5　Yann LeCun

Yann LeCun（图 5-9），计算机科学家，被誉为卷积网络之父，为卷积神经网络（Convolutional Neural Network，CNN）和图像识别领域做出了重要贡献，以手写字体识别、图像压缩和人工智能硬件等为主题发表过 190 多篇论文，研发了很多关于深度学习的项目，并且拥有 14 项相关的美国专利。他同 Léon Bottou 和 Patrick Haffner 等人一起研发了 DjVu 图像压缩技术，和 Léon Bottou 一起开发了一种开源的 Lush 语言，比 Matlab 功能还要强大，他还是一位 Lisp 高手。反向传播这种现阶段常用来训练人工神经网络的算法，就是 LeCun 和 Geoffrey Hinton 等科学家于 20 世纪 80 年代中期提出的，而后 LeCun 在贝尔实验室将 BP 算法应用于 CNN，并将其实用化，推广到各种图像相关任务中。LeCun 的学术生涯中有 20 多年的时间是在贝尔实验室度过的。

图 5-9　Yann LeCun

大名鼎鼎的贝尔实验室（图 5-10），坐落在美国新泽西州茉莉山，1925 年由 AT&T（美国电话电报公司）创立。建立之初便致力于数学、物理学、材料学、计算机编程、电信技术等方面的研究。20世纪70年代到90年代中期，贝尔实验室可谓是全球最伟大的实验室，没有之一。具体有多厉害呢？有一个段子是这么说的，当年给美国公司排名，AT&T第一，IBM第二，当AT&T被解体为七个公司后，IBM终于排在第八名了。

图5-10　美国贝尔实验室

在其过往的光辉岁月中，贝尔实验室共获得过3万多项专利，几乎每天一个，专利奖项拿到手软。像现在用到的晶体管、太阳能电池、C语言，在课本上见到的克劳德·香农、威廉·肖克利、肯·汤普生，还有LeCun，都来自贝尔实验室。

当时的贝尔实验室之所以这么厉害，一方面是因为资金充足，有美国政府资助，另一方面进入这里的都是像LeCun一样的顶尖人才。

1988年，年仅27岁的LeCun进入贝尔实验室，接触到运行飞快的计算机和大量数据集，一个拥有5 000个训练样本的USPS数据集——在当时算是数一数二的庞大数据集了。在这个数据集的帮助下，1989年LeCun打造并训练了第一个版本的LeNet 1，在字母识别上取得了有史以来最高的准确率。

1993年，LeCun在计算机上展示识别手写字（图5-11），将CNN与BP结合阅读手写数字，结果优于以往任何模型，很快便应用到ATM识别读取支票上的数字，20世纪90年代末期已经处理了美国10%~20%的支票识别。

图 5-11　识别手写字

　　LeCun 进入贝尔实验室的伯乐是 Larry Jackel，一位人工智能先驱，英伟达的机器学习顾问，Jackel 也是 Vladmir Vapnik 的伯乐，Vapnik 与 LeCun 既是"战友"也是"冤家"。

　　贝尔实验室的自适应系统研究部（Adaptive Systems Research Department），在 1988 年和 1992 先后开发了 CNN 和支持向量机（SVN），LeCun 和 Vapnik 就是这两个团队的代表人。

　　虽然同为两位优秀学者的伯乐，Jackel 还是心向 LeCun 的。1995 年 3 月 14 日，有一个以一顿高级丰盛的晚餐为赌注的赌书诞生。具体打了什么赌呢？

　　这场赌局分为两段。上半段，Jackel 认为 5 年后（也就是 2000 年），人们可以在理论上明确解释人工神经网络的工作机理，会和 SVM 一样有很好的理论支撑，但 Vapnik 并不认可；赌局下半段是 Vapnik 认为到 2005 年，没人会使用他们在 10 年前就拥有的神经网络架构，但每个人都会使用 SVM。当下，口说无凭，立字为据，LeCun 便是这场赌局的见证人。以下就是 3 人正式的赌书（图 5-12）。

　　2000 年 3 月 14 日，Jackel 输了比赛，其实到了 2019 年也没有找到人工神经网络的理论解释框架。

　　LeCun 是 Facebook 人工智能研究院院长，纽约大学的 Silver 教授（隶属于纽约大学数据科学中心、Courant 数学科学研究所、神经科学中心和电气与计算机工程系）。加盟 Facebook 之前，LeCun 已在贝尔实验室工作超过 20 年，在此期间他开发了一套能够识别手写数字的系统——LeNet，用到了 CNN。

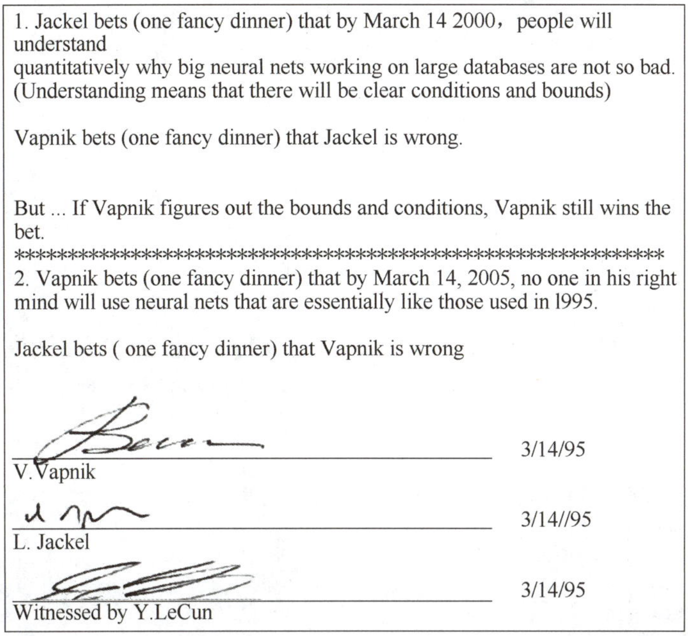

1. Jackel bets (one fancy dinner) that by March 14 2000，people will understand
quantitatively why big neural nets working on large databases are not so bad. (Understanding means that there will be clear conditions and bounds)

Vapnik bets (one fancy dinner) that Jackel is wrong.

But ... If Vapnik figures out the bounds and conditions, Vapnik still wins the bet.
****
2. Vapnik bets (one fancy dinner) that by March 14, 2005, no one in his right mind will use neural nets that are essentially like those used in l995.

Jackel bets (one fancy dinner) that Vapnik is wrong

_____   3/14/95
V.Vapnik

_____   3/14//95
L. Jackel

_____   3/14/95
Witnessed by Y.LeCun

图 5-12　三人正式的赌书

LeCun 于 1983 年在巴黎 ESIEE 获得电子工程学位，1987 年在（Université P&MCurie）获得计算机科学博士学位，在完成了多伦多大学的博士后研究之后，于 1988 年加入了贝尔实验室，在 1996 年成为贝尔实验室的图像处理研究部门主管。2003 年，他加入纽约大学获得教授一职，并在 NEC 研究所（普林斯顿）短暂待过一段时间。2012 年他成为纽约大学数据科学中心的创办主任。2013 年末，他成为 Facebook 的人工智能研究中心（FAIR）负责人，并仍保持在纽约大学中兼职教学。2015—2016 年，LeCun 还是法兰西学院的访问学者。

LeCun 是 ICLR 的发起人和常任联合主席（generalco-chair），并且曾在多个编辑委员会和会议组织委员会任职，是加拿大高级研究所（Canadian Institute for Advanced Research）机器与大脑学习（Learning in Machines and Brains）项目的联合主席，是 IPAM 和 ICERM 的理事会成员，是许多初创公司的顾问，并是 Elements Inc 和 Museami 的联合创始人。LeCun 位列新泽西州的发明家名人堂，并获得 2014 年 IEEE 神经网络先锋奖（Neural Network Pioneer Award）、2015 年 IEEET-PAMI 杰出研究奖、2016 年 Lovie 终身成就奖和来自墨西哥 IPN 的名誉博士学位。

5.6　Yoshua Bengio

图 5-13 中的两位 AI 大咖相似度 99%。没错，一个普通家庭诞生了两位成功的 AI 计算机科学家，Samy Bengio（Google Brain 的机器学习科学家）与约书亚·本吉奥（Yoshua Bengio）。

图 5-13　电视采访中的 Bengio 兄弟

Bengio 兄弟俩出生在法国巴黎，没有类似 Hinton 的学阀家族背景，父母是嬉皮士，从小就随父母到处搬家，曾因父亲服兵役，1977 年兄弟俩搬到了父母的出生地——北非摩洛哥生活了一段时间，又因战争举家搬回法国生活了几年，不久后移民加拿大，开启了新生活。辗转几次搬家，走过了世界很多角落，父母为兄弟俩种下了人文主义的种子。Yoshua Bengio 曾说，他有责任照顾生活在发展中国家的人。

Yoshua Bengio 回忆在青少年时期，兄弟俩曾努力攒钱买下了人生中第一台共同的小型计算机 Atari 800（图 5-14），从此打开了计算机世界的大门。他们用 Basic 语言编程，还将程序保存在磁带上，那时软盘还没有出现。兄弟俩在大学期间都选择了计算机相关的专业，Yoshua 在麦吉尔大学选择了计算机工程，Samy 在蒙特利尔大学修计算机科学。

图 5-14　小型计算机 Atari 800

短暂的分别后，兄弟俩因神经网络重新聚到一起。研究生期间，接触了 AI 教父 Hinton 有关深度学习理论的论文以及《平行分布处理》一书，Yoshua 疯狂地爱上了 AI 和神经网络，他激动地为 Samy 介绍，并在博士期间开始深度学习的研究。

兄弟二人在很少有学者研究的领域中一起执着于自己的研究，"我当时觉得其他人都是错的，只有我是对的"，在 AI 低潮期时，两人也并未放弃。幸运的是，加拿大政府几十年一直投入研究基金，让 AI 即使在寒冬时期，也可以保证研究人员的"温饱"，加之加拿大 CIFAR 最终确定下来的支持网络，从心理上帮助 Bengio 兄弟二人坚定选择的方向。与 Hinton 一样，因为 CIFAR 与自由，选择加拿大。蒙特利尔大学和麦吉尔大学共有 1 500 名 AI 研究员，人才集中度高于世界上任何其他地方。

Yoshua Bengio 是蒙特利尔大学的终身教授，任教超过 22 年；是蒙特利尔大学机器学习研究所（MILA）的负责人；是 CIFAR 项目的负责人之一，负责神经计算和自适应感知机等方面的研究；又是加拿大统计学习算法学会主席；是 ApSTAT 技术的发起人与研发者。Bengio 在蒙特利尔大学任教之前是贝尔实验室与麻省理工学院的机器学习博士后。他的研究工作主要聚焦在高级机器学习方面，致力于用其解决人工智能问题，他是全身心投入在深度学习领域的教授之一。

Yoshua Bengio 的主要贡献在于他对循环神经网络（Recurrent Neural Network，RNN）的一系列推动，包括经典的自然语言模型（Neural Language Model），梯度消失（Gradient Vanishing）的细致讨论，word2vec 的雏形以及机器翻译（Machine Translation）。Bengio 是《深度学习》一书的合著者（另两位作者是 Ian Good fellow 与 Aaron Courville），这本书被 Elon Musk 评价为"深度学习领域的权威教科书"，且 Yoshua Bengio 的 "A neural Probabilistic Language Model" 论文开创了神经网络模型的先河，书中的思路影响了之后很多基于神经网络应用于自然语言处理的研究。

为了在蒙特利尔大学及其附近的麦吉尔大学发展出"AI 生态环境"，2016 年年末，Yoshua Bengio（图 5-15）启动了一个名为 Element AI 的创业孵化器项目，以帮助研究所催生的初创公司找准发展方向。

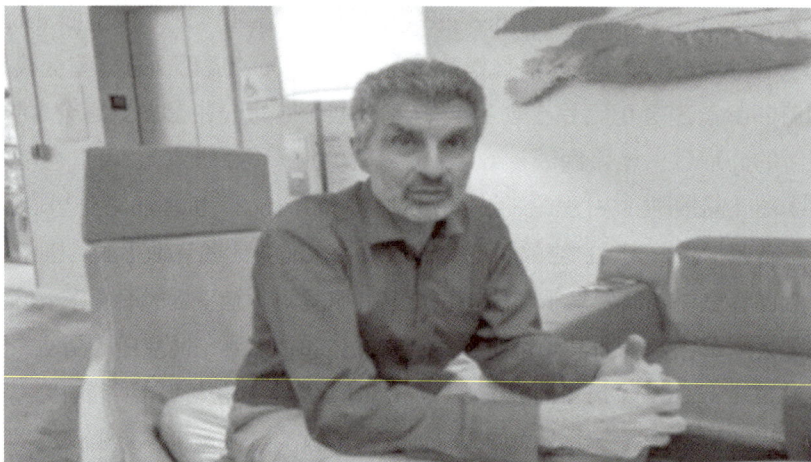

图 5-15　Yoshua Bengio

第 6 章

向深度学习三剑客学习

6.1 向深度学习三剑客学习
四种科研精神（上）

2019 年 3 月 27 日，美国计算机协会（ACM）宣布，深度学习的三位推动者 Yoshua Bengio、Geoffrey Hinton 和 Yann LeCun 因他在神经网络方面的成就赢得了 2018 年的图灵奖（A. M. Turing Award）。ACM 指出，之所以计算机视觉、语音识别、自然语言处理、机器人技术等应用取得突破，是因为这三人推动的这场长达 30 年的深度革命。

ACM 颁奖给 Bengio，主要表彰他在神经网络概率模型、高维度向量自然语言表征、注意力机制以及生成对抗性神经网络方面的贡献。

ACM 颁奖给 Hinton，主要是因为他在反向传播算法、提出最早神经网络模型——玻尔兹曼机以及对 CNN 的改进等方面的贡献。2012 年，Hinton 与学生率先使用修正线性神经元（ReLU）和 Dropout 正则化提升了深度卷积神经网络的性能，后在 ImageNet 竞赛中，他们几乎将图像识别的误差率减少了 50%。ACM 颁奖给 LeCun，主要表彰他在 CNN、改进反向传播算法以及扩展神经网络用途方面的贡献。

深度学习，尤其是深度神经网络学习算法的兴起和大数据的加持，结合图形处理器（GPU）的算力，犹如"三英战吕布"，终于降服人工智能这一反复无常的"吕布"，使人工智能得以第三次复兴。

如今，人工智能技术向各行各业渗透，智能产业的发展如火如荼。饮水思源，我们不能忘记提出深度学习核心算法并于 2019 年获得图灵奖的三位英雄，深度学习三剑客：Hinton，LeCun 和 Bengio（图 6-1），尤其要向他们学习以下四种创新精神，以更好地使我国创新能力得以提升。

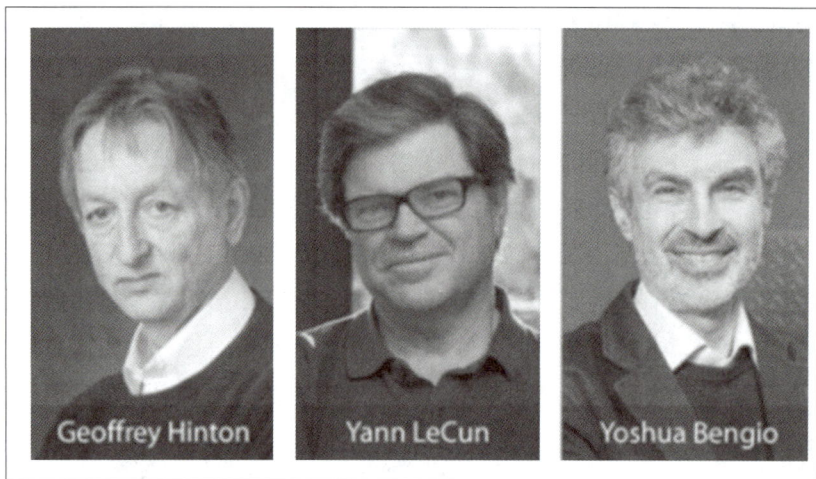

图 6-1　深度学习三剑客

1. 坚持神经网络研究 30 年的坚定执着精神

Hinton，LeCun 和 Bengio 虽然在不同的国家，处于不同的阶段，但从 20 世纪 80 年代开始，就不约而同地对人工神经网络，尤其是神经网络学习算法非常感兴趣。Hinton 年龄较大，在另外两位还在读大学或读研究生的时候，Hinton 已经博士毕业并到斯坦福大学做博后了。1986 年，Hinton 与美国科学院院士 Rumelhart 等在 *Nature* 上发表论文，提出了著名的 BP 算法——多层神经网络参数学习算法，掀起了神经网络第二次复兴的浪潮。这次复兴之后，该经典论文至今已经被引用 2 万多次。基于 BP 算法的神经网络解决了很多问题，相关研究和论文呈现井喷式爆发。

几年后，研究人员发现，BP 算法虽然好用，但存在收敛速度慢，容易陷入局部最小值和网络的初始化参数密切相关。尤其，由于训练时间太长，训练参数太多，内存经常溢出，难以处理如图像识别这类高维度和大量样本的数据问题。神经网络的研究陷入了第二次低潮，研究人员很难拿到课题并发表论文，于是很多研究人员放弃了该项研究，转向别的研究方向。

但是 Hinton 不气馁，始终坚持研究方向不动摇，苦思冥想破解之道，到加拿大多伦多大学后继续开展研究。在共同发明 BP 算法 20 年后，2006 年 Hinton 通过深度思考和编程实践，终于想出了针对高维数据的破解之道，在 *Science* 上发表了用神经网络减少数据维度的新方法，为深度学习的兴起奠定了理论基础，至今被引用 1 万余次。之后，深度神经网络的发展可谓波澜壮阔，气势如虹。

2. 合作与争论并重的和谐团队精神

1987 年博士毕业后，LeCun 去加拿大多伦多大学，追随神经网络的旗手人物 Hinton 做了一年的博士后。在 Hinton 的启发和指导下，LeCun 提出 CNN 用于手写体识别，大幅提高了数据精度并引起人们的关注。但好景不长，该方法通用性不强，难以处理更高维的彩色图像数据。

2003 年，LeCun 到纽约大学任教并发展了第三个合作者：前公司同事蒙特利尔大学教授 Yoshua Bengio，他与 Hinton 一起组成了所谓"深度学习的阴谋"（Deep Learning Conspiracy）。据说，Bengio 在读研究生时，读到了 Hinton 的一篇论文，找到了儿时非常喜欢的科幻故事的感觉，如今有机会加入偶像的小组，自然是喜出望外。

2004 年机会终于来了，Hinton 拿到了一个加拿大政府支持的大项目，很快组建了研究组，并邀请 LeCun 和 Bengio 加入了他的研究组。为了证明神经网络是有用的，他们开发了深度神经网络，并用更大的数据集来训练网络，在更强大的计算机上运行网络参数的学习算法。Hinton 曾开玩笑地表示，三人每周都要愉快地见一次，而聚会却经常以争吵结束。由此可见，2006 年 Hinton 在 *Science* 上发表的经典论文应该和这些争吵相关，辩论使 Hinton 的思考更有深度。10 年面壁思考，10 年讨论争论，Hinton 花了整整 20 年的时间，终于想出了神经网络第二次衰落的破解之法。

2015 年，三剑客合作写了一篇深度学习综述论文发表在 *Nature*，正式给他们的研究树立了一面旗帜，直接影响了 AI 的飞速发展和智能产业的快速崛起，其论文已经被引用 2.5 万余次。

6.2 向深度学习三剑客学习
四种科研精神（中）

深度学习三剑客 Hinton，LeCun 和 Bengio，经过长时间的辩论和编码实践，终于合力搞定了深度神经网络学习算法这个"怪兽"。他们的贡献，主要体现在以下三个方面。

（1）利用新的激活函数 ReLU 等解决梯度消失和发散问题。

（2）利用卷积运算和参数共享解决高维图像的特征提取和降维问题。

（3）利用逐层训练和 Dropout 等技术解决网络参数太多、训练时间长、容易过拟合等问题。

如同神勇无敌的唐朝名将薛仁贵"三箭定天山"，深度学习三剑客三箭齐发，终于合力搞定了深度学习算法，实现了对深度神经网络多层参数学习和调整的目标。

深度学习与其说是一种理论，不如说是一种高超的编程技术。深度学习的实现需要大数据、GPU 和深度学习算法同时发力，对深度神经网络的几百万、几千万的参数进行学习，在不断降低误差的同时使其达到非常高的精度。该技术在图像识别、语音识别、围棋学习等领域远超人类专家。

LeCun 亲手制作了被 Hinton 称为"机器学习界的果蝇"的经典数据集 MNIST，并亲自编程实现了 LeNet5 网络，点燃了深度神经网络再度复兴的希望。Hinton 年纪虽然有些大了，但有实现 BP 算法的丰富经验。"老骥伏枥，志在千里"，在 Hinton 的循循善诱下，他的研究生 Alex 编写出了著名的 AlexNet，一举取得 ImageNet 大赛的冠军，并遥遥领先于第二名。该比赛标志着深度神经网络的第三次兴起。Bengio 也是编程实现的高手，他率先带领团队开发了深度学习算法库 Theano，让我们使用深度学习算法变得非常方便，极大地推动了深度神经网络技术的推广和普及。图灵奖三剑客奖杯如图 6-2 所示。

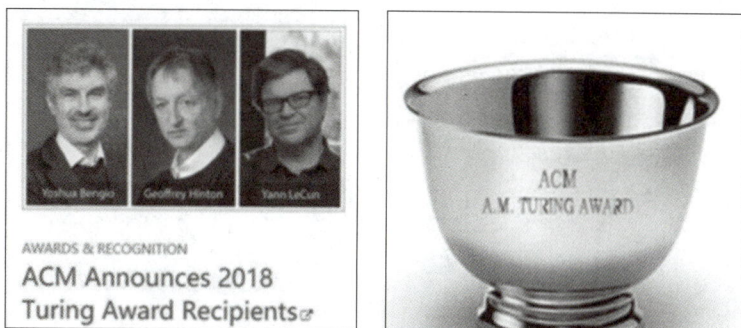

图6-2　图灵奖三剑客奖杯

　　三剑客既各有所长，又相互补充，"你中有我，我中有你"，形成了深度学习完整的理论体系。历史上，图灵奖一般一年只发给1人，很少发给2人，这是第一次发给3人。

　　他们这种"亲力亲为，止于至善"的工匠精神非常值得科研人员学习。我国传统文化"坐而论道"思维其实对今天科技的发展是有一定阻碍作用的。

　　值得称道的是，这三位专家不仅是埋头苦干的编程实干家，还是胸怀宽广的计算机科学家。在他们的个人网页，可以找到各种学习资源，从论文到PPT，从数据集到代码，均可下载。这种公开开放的精神，给深度学习的推广提供了非常大的助力。就像一个武林高手公开自己的武功秘籍和练功方法，不怕被超越。

6.3 向深度学习三剑客学习
四种科研精神（下）

众所周知，深度学习算法是 AI 第三次复兴的关键所在，不仅体现在快速增长的研究项目和发表的论文，更重要的还体现在 AI 产业的兴起。涉及 AI 应用如雨后春笋（图 6-3），在全球大规模展开。国内外著名 IT 大公司，几乎都转型为AI 公司，有的公司甚至喊出了 "All in AI（全部都在人工智能）" 的口号。AI 的广泛、深度应用有效提高了产品的效能、服务的质量和公司的盈利。

图 6-3　由人工智能研究实验室 OpenAI 开发的 ChatGPT

AI 已渗透到各行各业，深度学习三剑客不仅仅是享誉世界的计算机科学家，更是 AI 产业复兴的开拓者和先行者。他们没有陷入 "搞项目为了发论文，发论文为了搞项目" 的自我陶醉和循环中，誓将深度学习进行到底。为了证明他们研究的深度学习算法确实有用，他们不仅亲自编码并开源，还开发深度学习算法包，身体力行帮助产业界发展，最终推动了 AI 产业的巨大飞跃。

Hinton 和他的两名研究生（图 6-4）在 2012 年成立了深度神经网络研究（DNN Research）公司。该公司成立的主要目的是推广他们在 ImageNet 大赛中采用的深度卷积神经网络技术。2013 年，该公司很快就被嗅觉敏锐的谷歌公司高价收购了。之后，Hinton 领导谷歌的 AI 团队，将 "深度学习" 从边缘课题变成了以谷歌为首的互联网巨头依赖的看家本领。后来谷歌就有了家喻户晓的 AlphaGo 新技术。由此可见，学者只要能放下身段，深入实际，是有可能搞出核心技术并推动产业发展和社会进步的。最近我国密集出台了多项政策对"唯论文"说不，这将对我国科技的未来和核心技术的掌握影响深远。

图 6-4　Hinton 和他的两名研究生

作为 Hinton 志同道合的合作者和坚定不移的追随者，LeCun 同样具有将深度学习进行到底的精神和毅力。他花费大量时间和精力，亲自制作了 7 万张图片的 MNIST 手写体识别数据集并编写了 CNN 代码，极大地提高了手写体识别的精度和效率。该数据集也是机器深度学习算法的试金石和垫脚石。2013 年底，LeCun 被任命为 Facebook 人工智能实验室主任和首席科学家，他在纽约大学的职位也从终身教授变更为兼职教授。最近几年，Facebook 的快速发展充分证明了 LeCun 的突出贡献。

2016 年之前，Bengio 虽担任了几家大公司的学术顾问，但他更多的精力还是在学术界。看到其他两位剑客在 AI 产业界做得风生水起，Bengio 在 2016 年终于下海试水了，而且步伐更大。Bengio 和几位朋友一起创立了公司 Element AI。该公司的使命是赋能 AI 产业优先的商业，支持 Bengio 实验室和其他顶尖大学的研究人员每月为企业工作数小时，同时保留学术职位，以更好地实现理论研究和 AI 产业应用的相互促进。

总之，荣获图灵奖的深度学习三剑客身体力行了"将科研进行到底"的精神，完成了从理论研究到核心技术再到产业化的完美历程，并启示：好的研究是可以形成核心技术并实现产业化的，好的研究成果是有用的，科学家是可以改变世界的，只要能坚定不移，坚持不懈并砥砺前行，就会有所成就。

6.4　论文只是软实力，而今更需硬功夫

从"不唯论文"到"破四唯"，从"破四唯"到"破五唯"，都是新时代对科研工作提的要求，也是我国科研发展到新阶段的重要标志。从"缺论文"，到"刺激发论文"，再到"不唯论文"，充分展现了我国科研快速发展的历程。

论文也不是没有用，而是体现了一种新的想法和思路，况且也有一些仿真数据和实验数据支持看起来好像有些用，但这只是一种科研软实力，还不是科研硬功夫。从论文内容转化为核心技术，还有很多工作要做，从核心技术到产业应用，也是道阻且长。

核心技术和产业化应用才是科研硬功夫。钟南山院士和陈薇院士之所以获得"共和国勋章"和"人民英雄"的荣誉，不是因为他们发表了多篇研究病毒的高水平论文，而是因为他们掌握了克制病毒的核心技术，并规模化应用，治愈了大量的患者。

近年来参加一些职称评审会，看到的材料形式依然是代表作就是高水平 SCI 论文，看来一些院校和老师们还没有深刻理解和落实"不唯论文"的精神。代表作不仅仅是 SCI 论文，还可以是已经转化的发明专利、软件著作权、实际应用证明等。

我国科研进入了新时代，科研软实力已经很强，但科研硬功夫仍需加强。与其写很多篇 SCI 论文，不如在一篇论文的基础上深入开展研究，努力完成从论文内容到核心技术，甚至产业应用的全过程，一个国家的科研实力终究要看类似于两弹一星、北斗卫星、病毒疫苗等科研硬功夫。

2023 年三大诺贝尔科学奖（医学奖、物理学奖、化学奖）已经全部颁发完毕，我国科学家又一次没有获奖。在我国科研人数排名全球第一、科研论文数量排名世界第一、高质量期刊论文排名第一的情况下，这确实让人感到有些遗憾。考虑诺贝尔获奖有滞后效应，一般都会在重大科学发现之后的 20~30 年。也许 20~30 年后，我国将迎来诺贝尔科学奖的井喷期。经过 40 多年高等教育的发展，

尤其近 20 年的快速发展，我国已有大量的科研人员（据说接近千万级），还有很多国家级人才（也有数万人）。国家级人才代表我国科研界的杰出人才，相当于科研部队中的先锋队和特种兵。为了帮助和促进国家级人才产出原始创新和重大突破型的科研成果，需对国家级人才评选和评估给予三个灵魂拷问，到底有多少原创的科研成果？到底解决了什么重大科学难题？到底对世界科技有何贡献？这些问题只要几页纸就行了，而不是看几十页的本子，几百页的支撑材料。科研成果也要破除繁文缛节，一个人的科研贡献一般用一页纸描述就可以了，就像诺贝尔科学奖获得者的贡献也就一两句话，发现了什么，有哪些贡献。

对于普通科研人员来说，也要学习 2023 年诺贝尔生理学/医学奖得主卡塔琳，在待遇很低、职称很低、经费困难的情况下仍然坚守自己的科研兴趣，坚持自己的科研方向，终于把冷门变为热门，守得云开见月明。孔子曰："不患人不知己，患其不能也"。普通科研人员不要在意待遇的高低，而要坚信，只要做出了突出的科研成果，不怕得不到承认。2023 年我们仍然是诺贝尔科学奖的看客，普通人可以当看客，但作为科研人员，尤其是国家级人才不应当只做看客，而应自立自强，以科研创新和诺贝尔科学奖突破为己任。"天下兴亡，匹夫有责"，诺贝尔科学奖的得失，科研人员有责，国家级人才更有责。

在我国论文数量领先的情况下，科研人员要少发表改进型、应用型的研究成果，还有不少成果是"大炮打蚊子"，为了应用而应用。这些成果虽然容易得出，但是再多也只是再　次证明提出该理论的西方学者的正确性。如果科研人员都敢于挑战世界难题，勇于超越科学大家，坚持坚守科研方向，我们一定会引领世界科技发展，诺贝尔科学奖的爆发期也就不远了。

6.5 将科研进行到底

2020年，教育部、科技部等部门联合发文明确指出不"唯SCI论文"，是我国科研发展的一个重要转折点，也是我国科研评价从重视数量到重视质量，从过度重视SCI论文到务求科研实效，从科研评价单一化到多元化的重大转变。论文不是错，SCI论文也不是罪，论文只是科研工作的一个环节，光搞论文是不够的。只搞论文或者唯论文，是对科研工作的认识不完整、不全面、不深刻。

论文只是科研工作的一个组成部分，与"科学技术是第一生产力"的要求差距甚大。科学研究一般分为四个阶段：①理论研究阶段，以发表论文为导向；②研究成果演示阶段，展示研究成果并有一定的通用性，如开发软硬件演示系统；③科研成果试用阶段，在小规模应用中不断完善；④科研成果实际应用或者产业化应用阶段。

除了极少部分的纯理论研究之外，不仅要不唯"SCI论文"，也要不唯一切论文，更不要止步于论文，不故步自封于论文，而是要"将科研进行到底"，持续努力完成科学研究的四个阶段，真正做到"科学技术是第一生产力"。

科研大家，或者说大科学家，基本都自觉做到了"将科研进行到底"。袁隆平先生的水稻研究不仅仅是发表几篇理论性研究论文，还要在无数次试验中找到杂交水稻种子。找到种子还不够，还要在试验田中试种，确保增产增收。试种增产增收还不够，还要在大面积推广中增产明显。据说，袁隆平先生大部分时间都待在农田中培育水稻，并乐在其中，几十年如一日，做到"将论文写在祖国大地上"，虽已九十高龄依然不忘研发高产杂交水稻的科研初心和使命（图6-5）。

图6-5　袁隆平院士

屠呦呦先生亦是如此，在发现青蒿素的过程中同样发挥了"将科研进行到底"的精神。屠呦呦先生一直在寻求治疗疟疾的良药，而不是发表几篇论文说有些中药是有效的，或者再写几篇论文，说青蒿有一定治疗效果，或者测量一下青蒿等中药的组成成分，再发一些论文。中药很多，可以写很多篇论文。屠呦呦先生找到了青蒿有药效仍继续探索，提炼了青蒿素仍不罢休，亲身试药确认了药效也不止步，直到大量疟疾患者服用青蒿素康复后，才露出欣慰的笑容。90多岁的屠呦呦先生还奋战在青蒿素抗药性研究的第一线，并取得了重要进展，充分体现了"将科研进行到底"的精神和誓将疟疾彻底消灭的气魄（图6-6）。

图6-6　屠呦呦先生

见贤思齐、抚今追昔，1949年毛泽东主席在元旦发表新年献词："将革命进行到底"。文章气势如虹，号召全党、全军、全国人民坚决彻底干净地消灭一切反动势力，绝不能使革命半途而废。在"将革命进行到底"口号的鼓舞下，中国人民解放军士气高涨，一鼓作气解放了全中国。

战争时期，杰出的革命家有"将革命进行到底"的气魄；和平时期，优秀的科学家需有"将科研进行到底"的决心。如果我国大部分科学家都能有"将科研进行到底"的决心，不止步于论文，真抓实干，埋头苦干，让论文和科研成果更有底气，我国科技核心竞争力将有很大的提升，也终会引领世界科技的发展。

6.6 突破 AI 核心算法，解决 AI 产业 "卡脖子" 问题

　　在人工智能发展如日中天的今天，在人工智能技术向一切领域渗透的今天，在人工智能妇孺皆知的今天，中国工程院院士"徐匡迪之问"引人深思："中国有多少数学家（或科学家）投入（或全心投入）到人工智能的基础算法研究中？"由于核心算法缺位，中国人工智能产业发展面临"卡脖子"的窘境（图 6-7）。

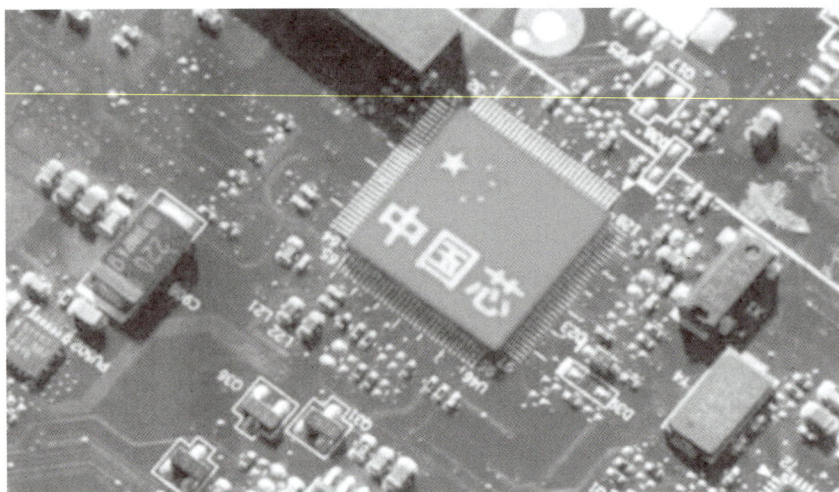

图 6-7　中国芯

　　2017 年，Hinton，LeCun 和 Bengia 深度神经网络（DNN）三剑客获得计算机图灵奖，他们所提出的深度神经网络算法是当前 AI 最核心的算法，在图像识别和语音识别等领域具有成功应用。但被很多人奉若神明的深度神经网络也不是无懈可击。经过深入思考和分析，对我国深度神经网络有三大缺陷：①计算量庞大，有大量的参数需要循环迭代和微调优化，计算时间非常长；②需采用大量的

GPU 等设备，硬件成本高，每年要耗费大量资金去购买，给国外送去大量外汇；③学习后有千万甚至数亿个参数，模型解释性差，"知其然而不知其所以然"，用起来心里没谱。

在大数据时代，浅层模型和算法难以发挥作用，深度学习确实是一个重要的发展方向。不过，深度学习不仅仅是指深度神经网络，还可以有很多其他形式，也许能取得比深度神经网络更好的效果。所以，必须要开发新的深度学习算法，一方面要学习深度神经网络的强大学习功能，另一方面要具有很强的解释性以确保开发系统的安全性。另外，还需要考虑模型不要太复杂，参数不要太多，以降低硬件成本，最好用国产芯片就可以实现，做到既经济实用，又安全高效。做到以上几点的新型深度学习算法是一个很远大的理想，需要长时间的努力，真心希望我国科学家能率先做到。这也是我的 AI 梦，希望在不久的将来能实现。

第 7 章

可解释性人工智能

7.1 可解释性与精度：鱼与熊掌，难以得兼

人工智能自 1956 年诞生，就肩负着用计算机程序模拟人类（或生物体）智能的初心与使命，从而解释人工智能的工作原理与运作机制。人类智能多才多艺，有很多维度，直觉和顿悟等高级智能计算机很难模拟。计算机模拟的人工智能有两个主要维度：一个是可解释性，一个是精度。

可解释性指的是人类用户能够理解和信任机器学习算法所产生的结果和输出的程度。可解释性有助于描述 AI 模型的预期影响和潜在偏见，以及 AI 支持的决策中模型的准确性、公平性、透明度和结果。精度指的是机器学习算法在给定任务上达到预期目标的能力，精度越高，效果越好。

一般来说，可解释性和精度是难以兼得的，因为一些高精度算法（如深度神经网络）往往具有复杂的结构和参数，难以从人类角度完全理解模型的决策过程。而一些易于理解的算法（如决策树）可能会牺牲一定的精度，无法达到最优的性能。

《孟子·告子上》曰："鱼，我所欲也，熊掌亦我所欲也；二者不可得兼，舍鱼而取熊掌者也。"这句话表明，在鱼和熊掌不可兼得的情况下，会选择熊掌而放弃鱼，以此来说明在面对两种都想要的事物时，会选取相对更重要的一方。

对于人工智能的研究者来说，何为鱼，何为熊掌呢？从人工智能试图了解人类智能的运作原理和工作机制的角度来说，对人工智能的研究者来说，可解释性是"熊掌"，而精度是"鱼"。从早期人工智能的发展来看，人工智能的开创者们分别从这两条路开展他们的研究，类似《笑傲江湖》中华山派的气宗和剑宗。

在人工智能领域，"精度派"和"可解释性派"代表了两种不同的研究理念和目标。"精度派"专注于提升人工智能模型的预测准确度和性能，他们追求的是模型在特定任务上的表现，如图像识别、自然语言处理等。这一派别的

研究者可能会采用深度学习、大数据和复杂的算法来训练模型，以实现尽可能高的精度，这在实际应用中非常重要，因为它直接关系到 AI 系统的有效性和实用性。

相对而言，"可解释性派"强调模型的可解释性，即模型的决策过程和内部工作机制应该对人类是透明的、可理解的。他们认为，即使模型的精度很高，如果其决策过程不透明，那么在涉及安全、隐私和伦理的敏感领域人们难以信任和接受这些系统。"可解释性派"的研究者致力于开发和改进那些能够清晰展示其决策逻辑的模型，以便在需要时能够提供合理的解释和证明。

在人工智能的发展中，精度和可解释性都是重要的考量因素。"精度派"和"可解释性派"的研究者们在各自的领域内推动着技术的进步，同时也在探索如何将两者结合起来，以实现既高效又透明的 AI 系统。这种平衡的追求有助于构建更加稳健、可靠的人工智能应用，也满足了社会对于 AI 透明度和可解释性的需求。

"精度派"代表人物和事件：1957 年 Rosenblatt 研制成功了感知机，1986 年 David Rumelhart 等提出 BP 算法，2006 年 Hinton 等提出深度神经网络等。由于大数据的广泛存在，硬件计算能力的快速发展，目前在人工智能领域"精度派"占据领先优势。

"可解释性派"代表人物和事件：美籍华人数理逻辑学家王浩于 1958 年证明了《数学原理》中有关命题演算的全部定理（220 条）；1965 年鲁宾逊（J. A. Robinson）提出了归结原理，为定理机器证明做出了突破性的贡献；美国斯坦福大学的费根鲍姆（E. A. Feigenbaum）1965 年开始专家系统 DENDRAL 的研究；1965 年美国加州大学伯克利分校 Zadeh 院士提出了模糊系统等。

当然也有一些精度和可解释性的平衡派，可以分为两个分支。一些专家在可解释性为主的前提下，应用一些优化方法来提高精度，如决策树和 SVM 等。还有一些专家研究在保证精度的情况下，提高算法的可解释性，如深度神经网络的结构简化和参数简化研究等。

图 7-1 为误判哈士奇为狼的深度神经网络算法，表明只追求精度是不够的。计算机视觉对图像进行学习和分析，来判断图像当中哪些是狼，哪些是哈士奇。深度神经网络算法错误地把一只哈士奇当作了狼。这是因为在选择培训数据时，大部分狼的图片背景中是雪地。深度神经网络算法侦测到哈士奇所在的雪地就判

断其为狼了，而不是图片中指出的狼和哈士奇面部的不同特征。

哈士奇的眼睛都是冰蓝色的，晶莹剔透，眼神很友好。

狼的眼睛大多数是黑色、褐色、黄色或琥珀色，眼神尾刺、凶狠。

图 7-1　误判哈士奇为狼的深度神经网络算法

可解释性是人工智能的熊掌，可解释性差的人工智能不能被用于安全相关或者风险隐患很大的重要领域。基于深度神经网络的无人驾驶汽车如果出事（图 7-2），连事故原因都没法分析，这种不知道如何改进和预防的情况是不能接受的。

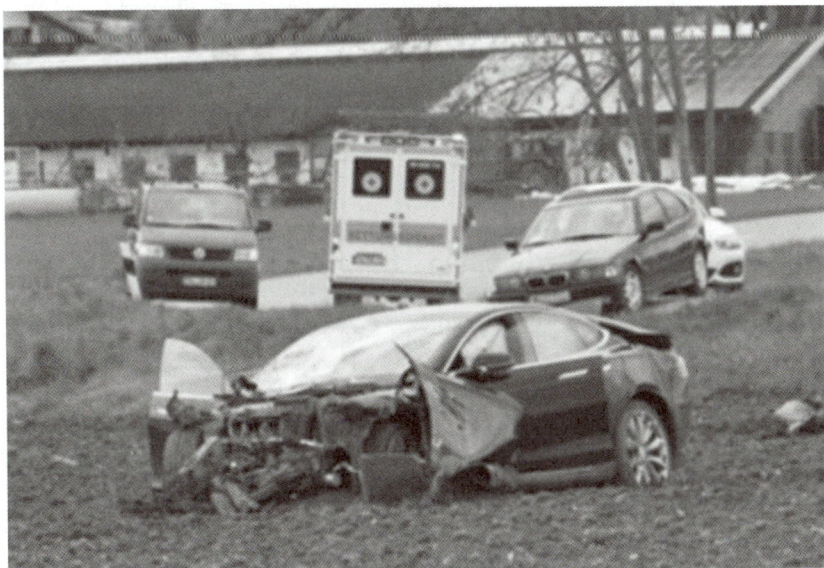

图 7-2　突然失控的无人驾驶汽车

　　总之，人工智能"以精度为王"的时代即将过去，以"可解释性为本"的时代即将到来。应该以可解释性强的人工智能模型与算法为基础，并借鉴深度神经网络算法的成功，不断提高其精度为主要方向，如深度模糊系统、深度决策森林、深度贝叶斯网络等。可喜的是，很多学者已经意识到这个重要的方向，并取得了有意义的进展。

7.2　人工智能基础研究探索计划—— 向可解释性人工智能进军

2020年国家自然科学基金委员会发布引导类原创探索——面向复杂对象的人工智能理论基础研究项目指南。

为贯彻落实党中央、国务院关于加强基础研究的重要战略部署，进一步强化原始创新，推动学科交叉，积极应对科学研究范式变革，国家自然科学基金委员会（以下简称自然科学基金委）信息科学部拟资助面向复杂对象的人工智能理论基础研究原创探索计划项目（以下简称原创项目）。以深度学习和大数据为基础、以AlphaGo为典型应用掀起人工智能的第三次高潮，但这种基于深度神经网络的人工智能具有不可解释性。本项目旨在通过信息科学与数学、物理学、化学等基础学科深度交叉融合，鼓励跨学科、跨领域交叉研究并结合重大需求问题，从复杂性与多尺度视角探索人工智能基础理论与方法，突破现有人工智能可解释性瓶颈，推动动态、稳健与可信的智能模型与方法体系的构建，并在相关应用领域验证可解释的原型系统和实现典型示范应用系统（图7-3）。

图7-3　AlphaGo 与韩国棋手李世石对战

聚焦人工智能可解释性问题，结合诸如"深时数字地球"大科学计划、煤和石油的高效洁净综合利用等各领域重大战略需求，通过探讨复杂系统的多层次、多尺度耦合关联机制以及动态时空结构，发展内嵌底层逻辑和物理内涵，融合复杂性科学和多尺度分析的人工智能新的理论体系，从系统科学角度建立大数据的精准认知和智能学习方法，为新一代基于复杂性的可解释精准智能提供理论基础（图7-4）。

图7-4 "深时数字地球"国际大科学计划启动前期工作座谈会

从复杂性科学的视角，基于复杂系统的逻辑关系构建可解释人工智能的新理论框架。本项目旨在从大数据结构复杂性、数据系统演化复杂性、系统行为演进复杂性等角度揭示复杂系统多变量主因素的非线性关系。通过多层次、多尺度耦合关联建模阐释其内在规律，重点关注系统中介尺度机制和效应对系统的影响，精准动态识别系统的复杂性特征行为模式，形成可解释人工智能的方法体系。

同时该项目旨在支持面向复杂对象（如图像、视频、音频、文本等）的人工智能理论基础研究，包括复杂对象表示与建模、复杂对象分析与理解、复杂对象生成与合成等方面。研究方向主要包括以单元数据构建整体数据的复杂数据感知，以数据系统构建智能学习模型的复杂系统构建，以学习模型分析系统特征演化的复杂行为智能分析。

1. 复杂数据感知

探索大数据蕴含的物理机制和逻辑关系复杂性，融合先验知识以构建科学数据系统。基于对系统的物理背景研究和多源高维大数据处理技术，探索大数据中的多层次、多尺度耦合关联结构，发展内嵌先验知识的数据表达范式，提出科学标注理论与方法，建立内嵌时空特征与数理等规律的具有可解释性的科学数据系统。

2. 复杂系统构建

基于非线性的复杂逻辑关系，探索融合先验知识数据系统的智能学习模型及建模方法，分析影响复杂数据系统时空多尺度动态结构的相互作用机制，探索中介尺度中多种调控机制在竞争中协调物理机理对智能学习模型的影响，基于耦合解耦、多目标变分等方法研究多层次、多尺度耦合关系及其优化策略，构建具有可解释性的人工智能动态学习模型。

3. 复杂行为智能分析

主要研究基于复杂行为演进的动态调控策略，提出以系统特征为基础的精准分析方法。探索智能模型行为演化的系统稳定性，发展基于局部特征的全局性动态分析方法，揭示相变和涌现机制的系统突变行为模式和多尺度分析的系统突变机理，提出具有可解释性与可调控性的人工智能新理论和新方法。

该项目的评审标准主要包括五个方面：①符合本项目指南引导方向；②具有较高的原始性和创新性；③具有较强的理论深度和技术难度；④具有较好的可行性和预期效果；⑤符合国家重大战略需求和社会发展趋势。

7.3 再回首可解释性高的模糊系统

在新春佳节，人们禁不住回首往事并展望未来。古往今来的先贤哲人也非常重视回顾历史与回首往事。英国首相丘吉尔的演讲慷慨激昂："The longer you can look back, the farther you can look forward（回顾历史越久远，展望未来就越深远）。"毛泽东主席在《沁园春·长沙》中的名句耳熟能详："携来百侣曾游，忆往昔峥嵘岁月稠。"苏联作家尼古拉·奥斯特洛夫斯基的著作《钢铁是怎样炼成的》中的名言家喻户晓："当他回首往事的时候，不因虚度年华而悔恨，也不会因碌碌无为而羞耻。"

《再回首》是中国台湾歌手姜育恒演唱的一首经典歌曲，因在 1991 年的央视春晚上演唱而红遍中国的大江南北。在 20 世纪 90 年代，我们都记得这首歌熟悉的旋律和经典歌词，"再回首恍然如梦，再回首我心依旧，只有那无尽的长路伴着我"。

作为人工智能的研究者，我们不禁要回首人工智能自从 1956 年以来的风雨历程。人工智能两大学派"符号主义"和"连接主义"几乎同时登场，交相辉映。这两大学派在竞争中发展，在发展中竞争，不断交替前进。

"符号主义"以推理证明为主，以符号推理和专家系统为核心，强调智能系统的可解释性，要"明明白白我的智能之心"。"符号主义"也可以称为"可解释性派"，是"白箱"，可惜精度不高，计算和优化能力不足。

"连接主义"以神经网络为主，强调算法的计算和优化能力，以不断降低误差为目标，信奉"不管白猫黑猫，能捉老鼠就是好猫"的观点。"连接主义"对可解释性不太关心，也可以称为"精度派"。尽管被批评为"黑箱"，但在大数据时代异军突起，已独领风骚十多年。

多年的科研生涯，对我影响深远的就是在美国加州大学伯克利分校访问的这一年。我的导师 Zadeh 院士（模糊逻辑之父，美国工程院院士，世界人工智能名人堂第一批 10 人入选者）在 1965 年提出模糊集合的创始论文（引用约 10 万次）

之后，就马不停蹄地完善他的理论和方法，从模糊集合到模糊逻辑，再到模糊化、解模糊、模糊系统、模糊控制等。在 Zadeh 院士的精心培育下，模糊集合从一粒种子，慢慢长成了参天大树。

模糊系统看似简单：从一堆模糊规则中进行推理并合成，然后解模糊。模糊系统看似很像专家系统，可解释性很好，但模糊系统与传统的专家系统不同，模糊系统是可计算可优化的专家系统，可以从数据中学习模糊规则，并对其隶属度函数的参数进行学习和优化。因此，模糊系统具有三大突出优点：可解释、可计算、可优化。这看起来是不是有点像"灰猫"，既白又黑（图 7-5）。

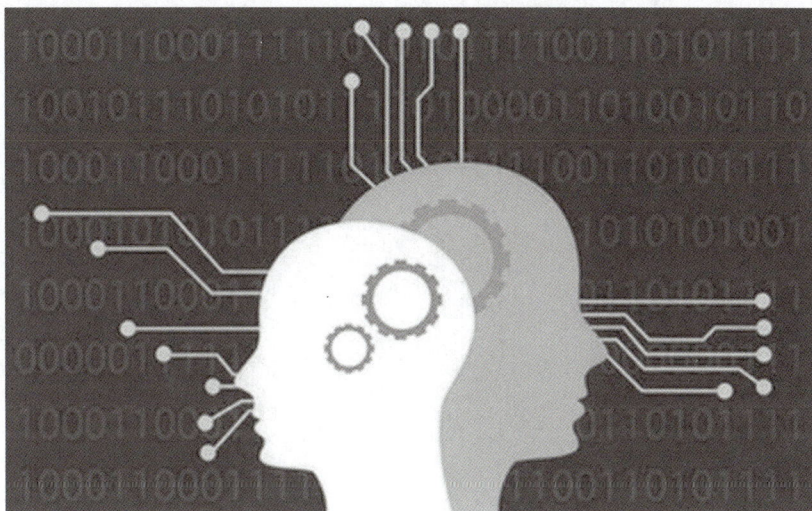

图 7-5　可解释性人工智能

但是，传统的模糊系统也存在一些局限性，如规则数量过多、参数调整困难、学习能力不足等。为了克服这些缺陷，出现了一种新型的模糊系统算法，如自适应神经模糊系统和 WM 方法（Wang-Mendel Method），它们可以从数据中自动地产生或学习模糊规则，并且保持规则库的可读性和可修改性。

目前，模糊系统最大的挑战是浅层模糊系统难以处理高维大数据。我和其他一些学者提出了深度模糊神经系统，已初步解决高维数据处理问题，看到了一丝胜利的曙光。虽然以深度神经网络为代表的深度学习技术在近十年有独孤求败的感觉，但是，在此之前的若干年中，相对而言，是以模糊逻辑为代表的研究占据领先地位。

人工智能或者模糊系统的未来发展究竟如何呢？虽然没有谁能准确地预测未

来，但我们可以从人工智能的发展史中得到启示：起起落落，模糊系统终复兴，学派轮动，各领风骚若干年。

最后，再回首加州大学伯克利分校，回忆起 Zadeh 院士灿烂的笑容，消瘦的面容，坚定的背影，以及最后对我美好的祝福，我的耳边不禁又响起《再回首》熟悉的旋律。

> "再回首背影已远走
> 再回首泪眼朦胧
> 留下你的祝福
> 寒夜温暖我……"

7.4　深度学习不仅仅是深度神经网络

深度学习属于机器学习的子类，人工智能是机器学习的父类。深度学习的发展极大地提高了机器学习的地位（图7-6）。

深度学习是当今人工智能领域炙手可热的技术，也是人工智能第三次复兴的关键。深度学习的发展有三个重要阶段：①1998 年，LeCun 提出CNN-LeNet 使得手写体识别的精度大幅度提高；②2003 年，Bengio 基于循环神经网络提出新的自然语言处理（NLP）模型，计算效率大幅提高；③2012 年，Hinton 和研究生 Alex 提出 AlexNet，获得 ImagetNet 大赛冠军。自此，大量相关的应用研究和改进研究层出不穷，上万篇论文陆续发表，推动了深度神经网络的快速发展。

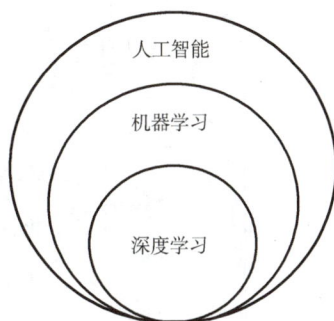

图7-6　深度学习、机器学习、人工智能三者关系

2015 年，深度学习神经网络三位顶级专家 LeCun、Bengio、Hinton 在 *Nature* 合作发表著名论文 "*Deep Learning*"（《深度学习》），目前已被引用 1 万多次。这篇论文正式标志着，以深度神经网络为代表的深度学习技术正式走向人工智能研究的中心位置。在深度神经网络发展的过程中，得到了谷歌、微软和 Facebook 等互联网巨头的大力加持，发布了相关的研发平台，大大缩短了研发的时间。此后，深度神经网络的研究与应用开始以一日千里的速度迅猛发展。因此三位杰出的科学家在 2019 年获得了图灵奖。下面分析这篇经典论文的摘要，共 4 句。

第 1 句：Deep learning allows computational models that are composed of multiple processing layers to learn representations of data with multiple levels of abstraction.（深度学习允许由多个处理层组成的计算模型学习具有多个抽象层次的数据表现。）这句话中没有特指深度神经网络。

第 2 句：These methods have dramatically improved the state-of-the-art in speech recognition, visual object recognition, object detection and many other domains such as drug discovery and genomics.（这些方法极大地提高了语音识别、视觉目标识别、目标检测以及药物发现和基因组学等许多领域的技术水平。）这句话说明深度学习应用范围很广。

第 3 句：Deep learning discovers intricate structure in large data sets by using the backpropagation algorithm to indicate how a machine should change its internal parameters that are used to compute the representation in each layer from the representation in the previous layer.（深度学习通过使用反向传播算法来发现大型数据集中的复杂结构，以指示机器应如何改变从前一层的表示中计算每一层表示的内部参数。）这句话有些歧义，其实深度学习不一定要神经网络特有的反向传播算法（图 7-7），也可以是其他模型和算法。

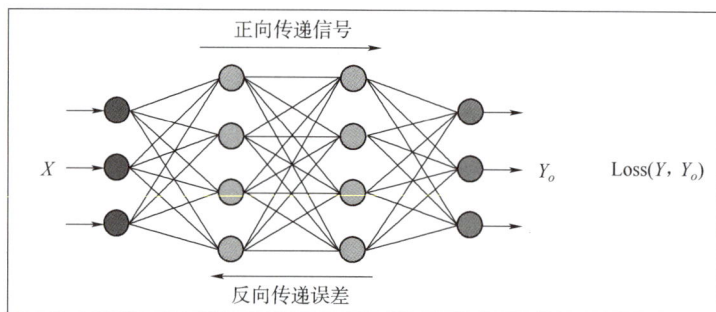

图 7-7　反向传播算法

第 4 句：Deep convolutional nets have brought about breakthroughs in processing images, video, speech and audio, whereas recurrent nets have shone light on sequential data such as text and speech.（深度卷积网络在处理图像、视频、语音和音频方面取得了突破性进展，而递归网络为文本和语音等连续数据带来了光明。）这里深度卷积网络和递归网络是两种典型的神经网络，如极端学习机（Extreme Learning Machines，ELM），它是一种前馈神经网络，在训练过程中随机生成隐藏层的权重，然后通过解析方法确定输出权重。这种方法在某些情况下能够提供更快的训练速度和良好的泛化能力，尤其是在处理高维数据时。

"月满则亏，盛极而衰"。最近几年，有很多质疑深度神经网络的声音，如模型复杂度高、算法可解释性差、应用成本高、安全性难以保证等。随着对深度学习的理解不断深入，发现深度学习是个好概念，但是不能仅仅局限于深度神经网络，应该探索更宽泛的意义和更多不同的解决方法及技术路线。

近年来，我国科研工作者明显有了科研自信和创新自信，人工智能学者已经不满足于跟随和改进国外的一流研究成果，而是敢于提出不同的思路和解决方法。比如，中科院的王飞跃教授提出了"平行学习"，华南理工大学的陈俊龙教授提出了"宽度学习"，清华大学的朱军教授提出了"贝叶斯深度学习"，南京大学的周志华教授提出了"深度森林"，中科院大学的王立新教授提出了"深度卷积模糊模型"，而面向智能交通的可解释深度优化模糊系统算法研究课题组也提出了"深度神经模糊系统"等。有点百花齐放，百家争鸣的感觉。

可惜的是，我国的商业互联网巨头们目前还没有跟上，他们还陶醉在平台的用户数量上，并耗费巨资与菜贩果贩争蝇头小利，全然不顾国外巨头已把目标锁定在遥远的通用人工智能和火星移民上。

爱因斯坦说："A person who never made a mistake never tried anything new."（一个从不犯错误的人，一定从来没有尝试过任何新鲜事物。）希望国内 AI 产业不要满足于在国外成熟的平台上进行快速二次开发，而应不怕犯错，与学术界紧密合作，推出其他类型深度学习或机器学习的开发平台，打造人工智能产业生态链，从而使得我国 AI 研究和 AI 产业的发展能植根于我们自主的平台和技术，并向北斗系统学习，避免人工智能科研"卡脖子"事件的发生（图7-8）。

图7-8　电视新闻中播放北斗系统攻克多项"卡脖子"技术

7.5 继承 Zadeh 院士遗志，开创可解释性人工智能新局面

　　神经网络的再度兴起带动了这一次 AI 的新高潮。通过大量的训练数据——深度神经网络，尤其是深度卷积神经网络很好地解决了高维图片的分类等问题，精度超过了人类，为 AI 的支持者打了一针强心剂。深度神经网络算法是调参高手，在大数据和 GPU 的帮助下，能自动学习和调整高达几千万甚至上亿的参数，以达到非常高的精度，令专家惊叹不已。

　　深度神经网络的参数多，效果好，但是可解释性难以保证，设计算法的调参师也不知道这么多参数究竟是什么意义。难以解释的用于安全相关的领域，就不得不令人捏把汗了。特斯拉汽车发生的几起事故表明再多的训练数据也不可能涵盖所有的道路状况（图 7-9）。因此，深度神经网络做内插拟合可以，做外推就不好说了。也就是说可解释性差的深度神经网络，是对未知世界没有把握，只能做到"举千（万）反一"难以做到"举一反三"的高级人类智能。这样的 AI 水平做孔子的学生是不合格的，因为子曰："举一隅不以三隅反，则不复也。"

图 7-9　电视新闻中关于国内首起"特斯拉自动驾驶"车祸致死案

在 2016 年 AlphaGo 战胜围棋世界冠军李世石之后，以大数据和深度神经网络为基础的 AI 技术狂飙突进了好几年，现在已经冷静了很多，并开始反思：①深度学习不仅仅只有深度神经网络这一种实现方式；②可解释性人工智能也许是下一个发展方向；③小数据低成本的 AI 也应有发展空间。

作为世界人工智能著名专家（入选首批 AI 名人堂（图 7-10），模糊理论之父，论文总引用约 20 万次），美国工程院 Zadeh 院士的访问学者，我回想起 10 年前，我在伯克利加州大学访问时，已经 80 多岁高龄的 Zadeh 院士仍坚持每周都开学术研讨会，其中有好几次是对神经网络的"批斗会"，批评其可解释性太差（Although the accuracy is very good, the interpretablity of neural netwok is too weak）。当时，模糊系统难以处理高维大数据问题，Zadeh 院士就鼓励我们要坚持研究可解释性好的模糊系统，发展新的方法。

图 7-10　IEEEIS 第一届 AI 名人堂（第二排左一是 Zadeh 院士）

虽然 Zadeh 院士已于 2017 年 9 月 6 日去世，但是他对科学的远见、坚持和洞察一直留在我们的心中，他的遗志也仍然激励着我们继续前进。在当今人工智能领域，可解释性是一个重要而紧迫的问题，因为很多复杂而强大的算法，如深度学习，往往缺乏对其内部机制和输出结果的解释。这可能导致一些安全、伦理和社会方面的风险和挑战。因此，我们应该继承 Zadeh 院士的遗志，开创可解释性 AI 新局面；应该探索如何将模糊逻辑与其他人工智能方法相结合，以提高人工智能系统的可信度、可靠性和可控性；应该关注如何利用模糊逻辑来增强人工智能系统与人类用户之间的交互和沟通。

在此，须再次指出模糊系统的三点优势：①模糊逻辑（Fuzzy Logic）是连续逻辑，比二值逻辑更科学更合理；②模糊推理（Fuzzy Reasoning）类似人类的思维模式，可解释性很好；③模糊规则（Fuzzy Rules）是一种从数据中获取知识的重要方式。正如 Zadeh 院士 10 年前预测的那样，可解释性人工智能，是 AI 的一个重要的前沿方向，逐渐得到广泛认可。我认为模糊系统将在可解释性人工智能中发挥重要作用，也许深度模糊系统也是深度学习的另一种实现方式。将 Zadeh 院士提出的理论方法向前推进一步，使之能够解决高维大数据问题，克服"维数灾难"问题，就是纪念教授的最好方式。

7.6 三篇引用次数超过 10 万次的人工智能 传世之作的对比分析

论文引用次数是论文水平和影响力的一个重要标志，尤其是排除刻意引用的引次数更为客观。近年来，不太提倡高被引论文了，因为高被引论文的计算方法有很大的缺陷，只计算论文发表一段时间内的论文引用次数，比较短平快的效果，很容易被人为操控。据说，如果能与一些高产学者或者高产团队达成默契，相互引用，可以人工培育高被引论文。有些论文发表才几个月，被引用次数只是个位数，却已荣升高被引论文了，实在不敢苟同。

根据我的关注，人工智能领域只找到了 3 篇在谷歌学术显示引用次数超过 10 万次的超级经典的论文。在其他领域，还没有找到超过 10 万次引用的论文。也就是说，这 3 篇论文相当于无数海量论文中的"状元""榜眼"和"探花"。这 3 篇论文是 2023 年 3 月在谷歌学术中查询到的数据（图 7-11~图 7-13）。

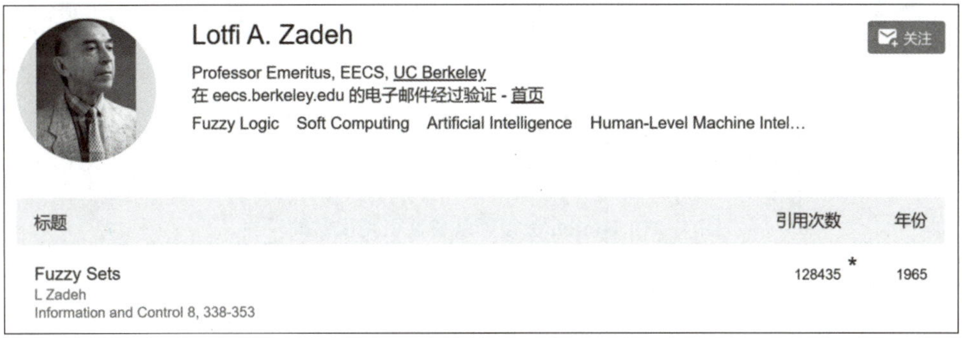

图 7-11　Zadeh 院士最高引用次数的论文

从引用次数来看，我在美国加州大学伯克利分校的访问导师、模糊理论之父、美国工程院院士 Zadeh 的单篇论文引用次数最高，达到了 12.8 万次（图 7-11）。第二篇是西安交大教授、旷视研究院院长孙剑博士团队的论文，达到了

15.5 万次（图 7-12）。第三篇是深度学习之父、加拿大多伦多大学教授、图灵奖获得者 Hinton 教授团队的论文也达到了 12.8 万次（图 7-13）。Zadeh 院士的论文是开创性论文，开创了一个人工智能的新领域——模糊系统。而孙剑团队的论文是图像识别问题的突破性进展，超过人类专家，相当于 AlphaGo 击败围棋世界冠军。Hinton 团队的论文是图像识别问题的里程碑式的进展，明显超过当时的其他算法。

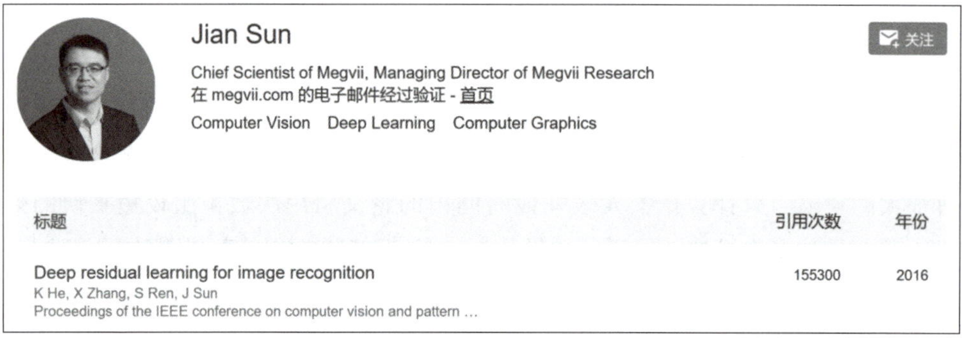

图 7-12　孙剑博士团队最高引用次数的论文

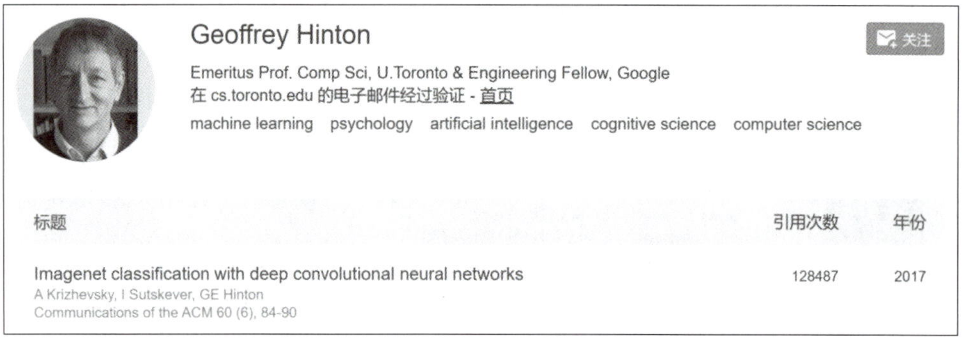

图 7-13　Hinton 教授团队最高引用次数的论文

从年平均引用来说，孙剑博士团队的论文排在第一，年均 2.2 万余次，遥遥领先；Hinton 团队排第二，虽论文发表时间最晚，但年均次数也达到 2.1 万次，紧随其后；Zadeh 院士第三，由于是开创性的论文，历经半个多世纪的考验依然流传和影响着当代人工智能的研究。这也说明，在互联网时代，发表的论文快速增多，引用次数也快速增长，有一定的后发优势；更说明年轻的中国人工智能研究团队朝气蓬勃，成果非常突出，影响力非常大，达到了图灵奖级别的成果。

考虑论文的作者人数，Zadeh 院士单枪匹马 1 人，孙剑博士团队 4 人，Hinton 团队 3 人。从人均引用总数来看，Zadeh 院士遥遥领先达到近 13 万次，Hinton 位列第二，达到约 4.3 万次，孙剑位列第三，达到 3.8 万余次。

如果从人均年均引用来看，Hinton 排名第一，达到近 7 000 次，孙剑教授约为 6 000 次，Zadeh 院士也仍有 2 000 余次。这再次说明 Zadeh 院士的开创性论文经受了历史的考验，Hinton 团队的论文热度不减，而孙剑团队的论文有可能在未来创出新高。

从以上四个指标来看，Zadeh 院士有 2 项领先，孙剑博士团队和 Hinton 团队各有 1 项排在首位。总的来说，Zadeh 院士、孙剑博士团队和 Hinton 团队各有千秋。所以要切实增强创新自信，本土培养的博士也可以做出比肩图灵奖获得者（图 7-14）和世界著名人工智能大师的成就。

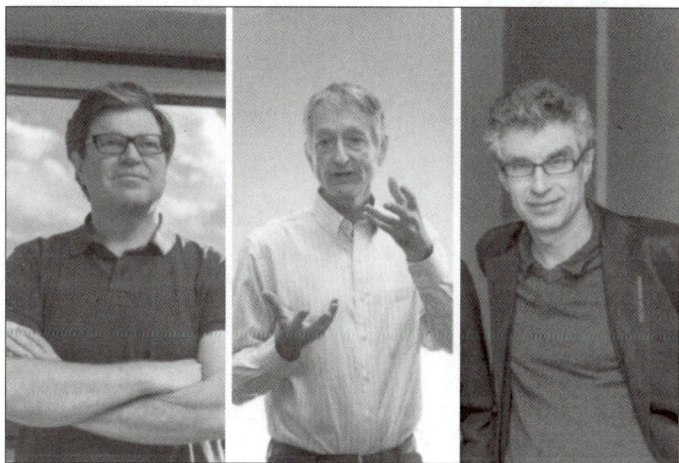

图 7-14　2018 年图灵奖得主是 LeCun、Hinton 和 Bengio

第 8 章

中国人工智能的发展

8.1　起步阶段

相比国际上人工智能的发展，中国的人工智能研究起步较晚，且发展道路十分曲折，历经了质疑、批评甚至打压的艰难发展历程。直到 1978 年 12 月第十一届三中全会中国开始实行对内改革、对外开放的政策之后，中国的人工智能才逐渐走上发展之路。

自 1956 年起，西方出现了大量程序，比如，1957 年美国卡耐基梅隆大学和麻省理工学院合作推出"通用解题机"程序，该程序可以解决大量常识性问题，两年以后，美国 IBM 成立 AI 研究组花了三年时间制作了一个可以解几何定理的程序。20 世纪六七十年代，人工智能在西方得到了长足发展，在很多领域已经得到了实践和应用，20 世纪 70 年代很多新方法被用于 AI 领域，如 Minsky 的构造理论和 Marr 提出机器视觉方面的新理论。当时人工智能被当作世界三大尖端技术之一。

中国人工智能的发展经历了类似世界人工智能发展的曲折过程。20 世纪 50—60 年代，人工智能在西方国家得到重视和发展，在苏联却受到批判，将其斥为"资产阶级的反动伪科学"。当时，受苏联批判人工智能和控制论（Cybernetics）的影响，中国在 20 世纪 50 年代几乎没有人工智能研究。20 世纪 60 年代后期—70 年代，虽然苏联解禁了控制论和人工智能的研究，但因中苏关系恶化，中国学术界将苏联的这种解禁斥之为"修正主义"，人工智能研究继续停滞。那时，人工智能在中国要么受到质疑，要么与"特异功能"一起受到批判，被认为是"伪科学"和"修正主义"。《摘译外国自然科学哲学》月刊 1976 年第 3 期刊文称：在批判"图像识别"和"人工智能"研究领域各种反动思潮的斗争中，走自己的道路。这足见中国人工智能研究迷雾重重的艰难处境。

1978 年 3 月，全国科学大会在北京召开。在华国锋主持的大会开幕式上，邓小平发表了"科学技术是生产力"的重要讲话。大会提出"向科学技术现代化进军"的战略决策，打开解放思想的先河，促进中国科学事业的发展，使中国科技事业迎来春天。这是中国改革开放的先声，广大科技人员迎来了思想大解放，人工智能也在酝酿着进一步的解禁。吴文俊提出的利用机器证明与发现几何定理的新方法——几何定理机器证明（图 8-1），并获得 1978 年全国科学大会重大科技成果奖，这就是一个好的征兆。

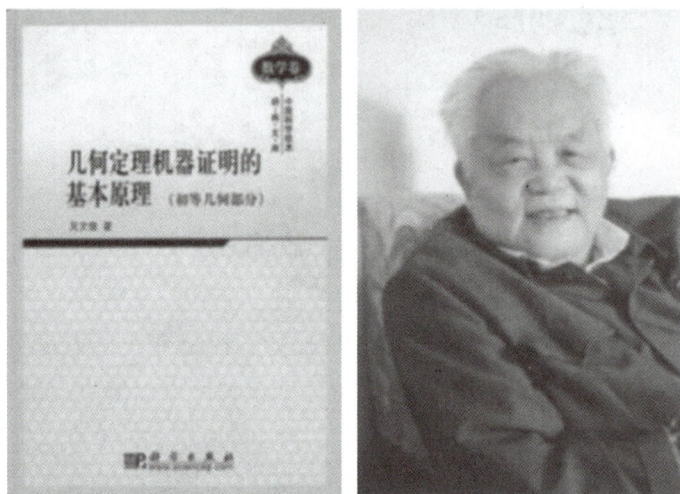

图 8-1　吴文俊及其著作《几何定理机器证明的基本原理》

　　20 世纪 80 年代初期，钱学森等主张开展人工智能研究，中国的人工智能研究进一步活跃起来。但是，由于当时社会把"人工智能"与"特异功能"混为一谈，使中国人工智能走过一段很长的弯路。一方面，包括许多人工智能学者在内的研究员把人工智能与"特异功能"混在一起"研究"；另一方面，社会上在批判"特异功能"时将人工智能一起进行批判，把两者一并斥之为"伪科学"。

　　许多社科界人士曾努力厘清二者之间的界限。例如，1981 年社会经济学家于光远在长沙"中国人工智能学会"成立大会上演讲称："我来长沙之前，有人问我参加什么会，我告诉了他。他问我人工智能是不是人体特异功能？我说不是，人工智能是一门新兴的科学，我们应该积极支持，对所谓'人体特异功能'的研究是一门'伪科学'，不但不应该支持，而且要坚决反对。"

　　1984 年 1 月，邓小平在深圳观看儿童与计算机下棋，指示"计算机要从娃娃抓起"，人工智能研究在中国的境遇逐渐有所好转（图 8-2）。在 20 世纪 80 年代后期和 90 年代初期，中国的计算机技术逐渐发展起来，人工智能也开始成为一个热门的研究领域。当时，中国的人工智能研究主要集中在模式识别、自然语言处理和机器翻译等领域。同时，一些大型高校和研究机构也开始在人工智能领域进行研究，并取得了一些重要的成果。

图 8-2　早期中国福利会儿童计算机活动中心学生学习计算机操作

8.2 学习阶段

20 世纪 70 年代末至 80 年代，知识工程和专家系统在欧美发达国家得到迅速发展，并取得重大的经济效益。尽管当时中国的相关研究还处于艰难起步阶段，一些基础性的工作刚刚得以开展，但当时我国政府高瞻远瞩的规划中却意识到了人工智能的机遇与挑战。

1. 派遣留学生出国研究人工智能

改革开放后，中国派遣大批留学生赴西方发达国家研究现代科技，学习科技新成果，其中包括人工智能和模式识别等学科领域。这些人工智能"海归"专家，已成为中国人工智能研究与开发应用的学术带头人和中坚力量，为中国人工智能的发展做出了重要贡献。

王选院士，我国著名的计算机专家，就是当时赴美留学的一员。1979 年，王选获得国家留学基金，赴美国加州大学伯克利分校攻读计算机博士学位，师从著名的人工智能专家、图灵奖得主麦卡锡教授。1983 年，王选获得博士学位后回国，继续在北京大学计算机研究所任教，并陆续开展了多项有关人工智能、自然语言处理、机器翻译等方面的研究项目（图 8-3）。

2. 成立中国人工智能学会

自 1978 年"智能模拟"纳入我国国家计划以来，我国不断加大对人工智能相关领域的研发项目的支持，于 1979 年成立了中国自动化学会模式识别与机器智能专业委员会，1981 年成立中国人工智能学会（CAAI），1986 年成立中国计算机学会人工智能和模式识别专业委员会等学会团体。1981 年 9 月，中国人工智能学会在长沙成立，秦元勋当选第一任理事长。1982 年，中国人工智能学会刊物《人工智能学报》在长沙创刊，成为国内首份人工智能学术刊物（图 8-4）。

图 8-3　北京大学王选计算机研究所命名仪式现场

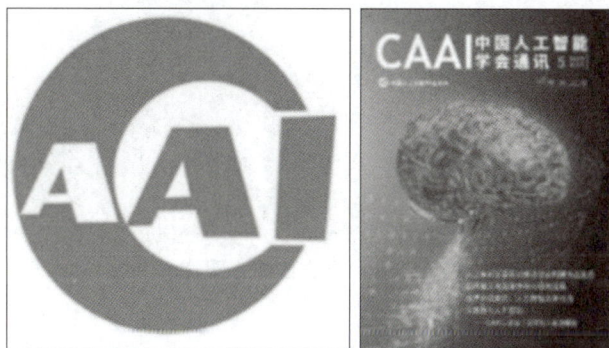

图 8-4　中国人工智能学会会标和学会期刊封面图

　　中国人工智能学会首任理事长秦元勋获美国哈佛大学博士学位后于 1948 年回国，历任中国科学院数学研究所研究员、副所长，中国核学会计算物理学会理事长，中国人工智能学会首届理事长等职。他关于常微分方程的定性理论、运动稳定性、近似解析、机器推理等方面的研究，在中国处于开创性地位。其中极限环的研究具有国际先进水平。他曾负责完成了中国第一颗原子弹和氢弹的威力计算工作，是 1982 年国家自然科学奖一等奖的原子弹氢弹设计原理中物理力学数学理论项目的主要工作者之一，并开辟了计算物理学这一新的学科分支。

3. 人工智能的相关项目研究

　　20 世纪 70 年代末至 80 年代前期，一些人工智能相关项目已被纳入国家科研计划。例如，在 1978 年召开的中国自动化学会年会上，报告了光学文字识别系统、手写体数字识别、生物控制论和模糊集合等研究成果，表明中国人工智能在生物控制和模式识别等方向的研究已开始起步；又如，1978 年把"智能模拟"纳入国家研究计划。不过，当时未能直接提到人工智能研究，说明中国的人工智能禁区有待进一步打开。1984 年，吴文俊凭借几何定理的机器证明成果，成为世界自动推理界的领军人物，开创了数学机械化方法（图 8-5）。

图 8-5　吴文俊院士照片

8.3　追赶阶段

1984 年 1 月和 2 月，邓小平分别在深圳和上海观看儿童与计算机下棋时，指示"计算机普及要从娃娃抓起"。此后，中国人工智能研究的境遇有所好转，人民日报关于人工智能的报道逐渐多了起来。20 世纪 80 年代中期，中国的人工智能迎来了曙光，开始走上正常的发展道路。

国防科学技术工业委员会于 1984 年召开了全国智能计算机及系统学术讨论会，1985 年又召开了全国首届第五代计算机学术研讨会。1986 年起把智能计算机系统、智能机器人和智能信息处理等重大项目列入国家高技术研究发展计划（又称"863计划"）。

1986 年，清华大学校务委员会经过三次讨论后，同意在清华大学出版社出版《人工智能及其应用》著作。

1987 年 7 月《人工智能及其应用》在清华大学出版社公开出版，成为国内首部具有自主知识产权的人工智能专著。接着，中国首部人工智能、机器人学和智能控制著作先后于 1987 年、1988 年和 1990 年问世。1988 年 2 月，主管国家科技工作的国务委员兼国家科委主任宋健亲笔致信蔡自兴（图 8-6），对《人工智能及其应用》的公开出版和人工智能学科给予高度评价，指出该人工智能著作的编著和出版"使这一前沿学科的最精彩的成就迅速与中国读者见面，这对人工智能在中国的传播和发展必定会起到重大的推动作用……我深信，以人工智能和模式识别为带头的这门新学科，将为人类迈进智能自动化时期做出奠基性贡献。"宋健对该著作的高度评价，体现出他对发展中国人工智能的关注和对作者的鼓励，对中国人工智能的发展产生了重大和深远的影响。

在这封信中宋健还提到："十年前，当我们和钱先生修订工程控制论时，尚无系统参考书，只能断断续续介绍一些思路。现在钱先生看到此书，也一定会欣喜万分。"这体现了宋健的谦虚品德，也表现出钱学森当时对人工智能的大力支持。

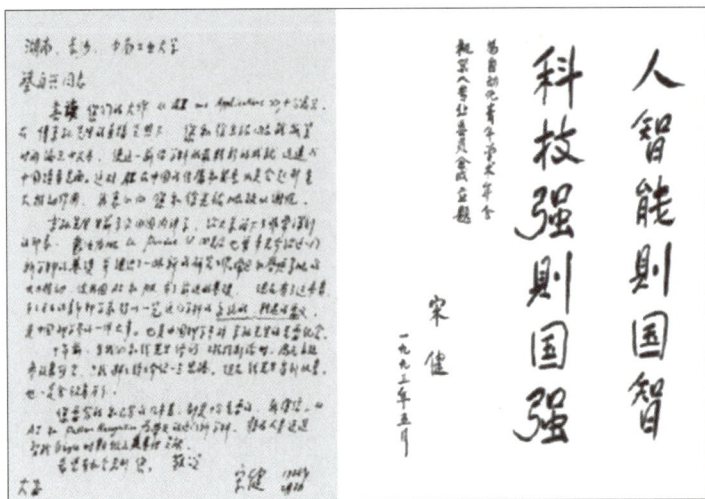

图 8-6　宋健写给蔡自兴的信

　　1987 年《模式识别与人工智能》杂志创刊。1989 年首次召开了中国人工智能联合会议（CJCAI），至 2004 年共召开了 8 次。此外，还曾经联合召开过 6 届中国机器人学联合会议。1993 年起，把智能控制和智能自动化等项目列入国家科技攀登计划。1993 年 7 月，宋健应邀为中国人工智能学会智能机器人分会题词"人智能则国智，科技强则国强"，并向成立大会表示祝贺。该题词很好地阐明了人工智能与提高民族素质、增强科技实力和建设现代化强国的辩证关系，也是国家科技领域领导人对中国人工智能事业的有力支持以及对全国人工智能工作者的殷切期望。

　　进入 21 世纪后，更多的人工智能与智能系统研究课题获得国家自然科学基金重点项目、国家高技术研究发展计划（"863 计划"）和国家重点基础研究发展计划（"973 计划"）项目、科技部科技攻关项目、工信部重大项目等各种国家基金计划支持项目，并与中国国民经济和科技发展的重大需求相结合，力求为国家做出更大贡献。这方面的研究项目很多，代表性的研究有视觉与听觉的认知计算、面向 Agent 的智能计算机系统、中文智能搜索引擎关键技术、智能化农业专家系统、虹膜识别、语音识别、人工心理与人工情感、基于仿人机器人的人机交互与合作、工程建设中的智能辅助决策系统、未知环境中移动机器人导航与控制等。

　　2006 年 8 月，中国人工智能学会联合其他学会和有关部门，在北京举办了

"庆祝人工智能学科诞生50周年"的大型庆祝活动。除了人工智能国际会议外，纪念活动还包括由中国人工智能学会主办的首届中国象棋计算机博弈锦标赛暨首届中国象棋人机大战。东北大学的"棋天大圣"象棋软件获得机器博弈冠军；"浪潮天梭"超级计算机以11：9的成绩战胜了中国象棋大师。这些赛事的成功举办，彰显了中国人工智能科技的长足进步，也向广大公众进行了一次深刻的人工智能基本知识普及教育（图8-7）。主办方认为，这次中国象棋人机大战"无论赢家是人类大师或超级计算机，都是人类智慧的胜利"。

同年，《智能系统学报》创刊（图8-8），这是继《人工智能学报》和《模式识别与人工智能》之后国内第三份人工智能类期刊，为国内人工智能学者和高校师生提供了一个学术交流平台，对中国人工智能研究与应用起到了促进作用。

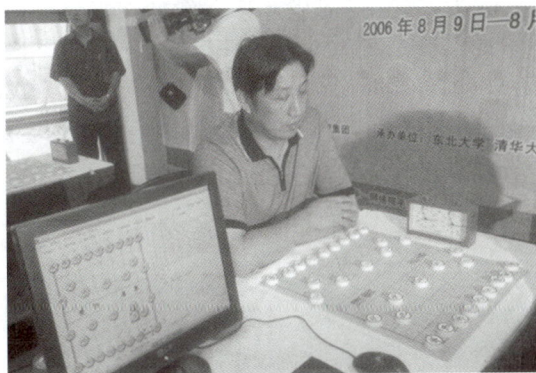

图8-7 2006年8月北京奥体中心首届中国象棋人机大战　　图8-8 《智能系统学报》

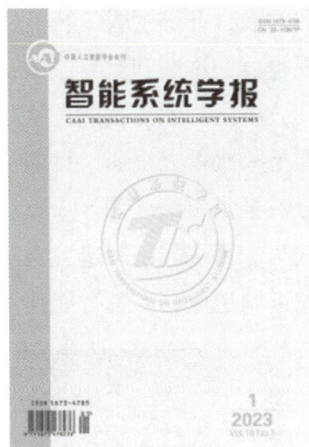

2009年，中国人工智能学会牵头向国家学位委员会和教育部提出设置"智能科学与技术"学位授权一级学科的建议。该建议指出"现在信息化向智能化迈进"的趋势已经显现，因此，如今培养的智能科学技术高级人才大军，正好赶上明天信息化向智能化大规模迈进的需要。为此，一个顺理而紧迫的建议就是，为了适应信息化向智能化迈进的大趋势，为了实现建设创新型国家的大目标，在中国学位体系中增设智能科学与技术博士和硕士学位授权一级学科。这个建议凝聚了中国人工智能教育工作者的心智心血和他们的远见卓识，对中国人工智能学科建设具有十分深远的意义。

8.4　并跑阶段

虽然人工智能最早的浪潮起源于 20 世纪 50 年代的美国，但经历了近 70 年的曲折发展，现在的中国已经成为人工智能大国。2011 年至今，人工智能的发展迎来了一个新的高潮，主要是由于大数据、云计算和深度学习等新技术的出现和发展，开辟了人工智能的一个全新领域，我国近十年加大对人工智能研究的重视程度，逐渐和世界人工智能的研究进度并驾齐驱。

中国的人工智能正从跟跑变并跑。人工智能时代的到来，对我国建设制造强国是一次重大机遇。目前，我国对人工智能的创新已经和世界先进技术并跑，部分甚至是领跑（图 8-9），人工智能技术已被广泛应用于电子消费、纺织、冶金、汽车、高端装备制造、机器人、新能源等产业。这说明人工智能技术能加快发展先进制造业，人工智能技术能促进传统制造业转型升级。

图 8-9　中国的人工智能由跟跑变并跑甚至领跑

近年来，我国政府高度重视人工智能的技术进步与产业发展，目前人工智能已上升到国家战略层面。2020年6月，在全国人大常委会中提到要加强立法理论研究，重视对人工智能、区块链、基因编辑等新技术新领域相关法律问题的研究。人工智能是带动新一轮科技革命和产业变革的"头雁"。早在2017年，中国国务院印发了《新一代人工智能发展规划》，将人工智能发展提升到国家战略层面。

《新一代人工智能发展规划》明确了我国新一代人工智能发展的战略目标：到2020年，人工智能总体技术和应用与世界先进水平同步，人工智能产业成为新的重要经济增长点，人工智能技术应用成为改善民生的新途径；到2025年，人工智能基础理论实现重大突破，部分技术与应用达到世界领先水平，人工智能成为我国产业升级和经济转型的主要动力，智能社会建设取得积极进展；到2030年，人工智能理论、技术与应用总体达到世界领先水平，成为世界主要人工智能创新中心（图8-10）。

图8-10　新一代人工智能发展规划

根据中国信息通信研究院监测平台数据，截至2020年10月，全球共有人工智能企业近5 600家，中国近1 450家。2020年，全球人工智能产业规模1 565亿美元，中国人工智能产业规模约3 100亿元。

在智能机器人研究方面，基金委于2016年启动了关于"共融机器人基础理论与关键技术研究"重大研究计划，拟资助经费2亿元，面向我国高端制造、医疗康复等领域，力图为我国机器人技术和产业发展提供源头创新支撑，还与深圳市人民政府共同设立了机器人基础科学中心项目（图8-11）。

自2015年开始，中国人工智能市场规模逐年攀升。随着人工智能技术的逐渐成熟，科技行业、制造业等业界巨头不断深入布局。据前瞻产业研究院发布的《中国人工智能行业市场前瞻与投资战略规划分析报告》统计数据显示，2014年中国人工智能市场规模仅达 51.7 亿元。2016 年中国人工智能市场规模快速增长突破百亿元。截至 2017 年中国人工智能市场规模达到了 237.4 亿元，同比增长 67.3%。2018 年中国人工智能市场规模达到 415.5 亿元，同比增长 74.94%。2019 年中国人工智能市场规模达到 554 亿元，增长率为 33.2%。(图 8-12)。

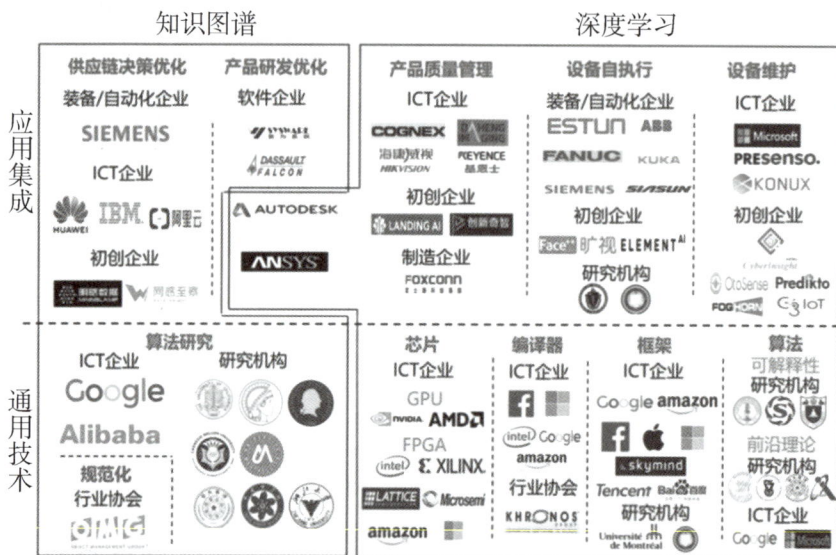

图 8-11 工业人工智能产业图谱

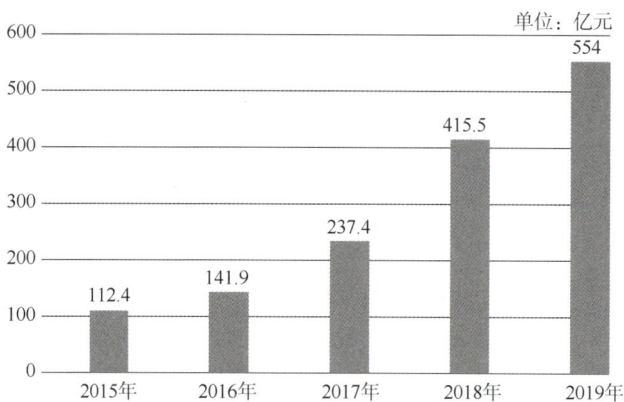

图 8-12 2015—2019 年中国人工智能产业市场规模

我国为抓住新一轮科技革命和产业变革机遇，近年来大力发展新一代人工智能。在新一代人工智能学科发展、理论建模、技术创新、软硬件升级等整体推进下，我国人工智能技术得到了快速发展，全球竞争力显著提升。目前，我国在人工智能领域居于全球第一梯队，有望实现从跟跑到领跑的弯道超车。然而，发展短板也不容忽视：基础理论、核心算法、关键设备、高端芯片等有求于人，人才储备和人才质量尚存差距，科研机构和产业生态也需要继续研究。

　　作为典型的前瞻性基础研究领域，人工智能得到了我国基础研究最主要的支持渠道——国家自然科学基金委员会的持续关注和重视。自然科学基金委员会较早地做出了前瞻部署，聚焦重点问题，资助了大批探索性研究项目，培养了一批基础研究队伍。

　　在国家政策的支持下，我国人工智能的研究稳步前进，总体来看，中国的人工智能已经从跟跑转向并跑。

8.5　局部领先

目前，我国人工智能已经处于全球研究前列，在某些方面已经达到领先地位。同时，我国人工智能应用也非常广泛，涉及的领域包括安防、金融、零售、交通、教育、医疗、制造、健康等。

国家政策的利好，人工智能资本的火热，人工智能热门赛道应用场景的不断拓展，也让人工智能领域，成为独角兽企业的集中地。2019 年，中国以 206 家人工智能独角兽企业位居"全球人工智能独角兽企业数量 TOP4"国家榜单榜首（图 8-13）。这也成为国际上更加看好未来中国人工智能产业发展的原因之一。近年来，人工智能对社会和经济影响日益凸显。包括美国、欧盟在内的多个地区先后出台了对人工智能发展的政策，并将其上升至国家战略高度。我国自 2015年来，多次将人工智能的发展和规划列入国家政策，逐步确立人工智能技术在战略发展中的重要地位。

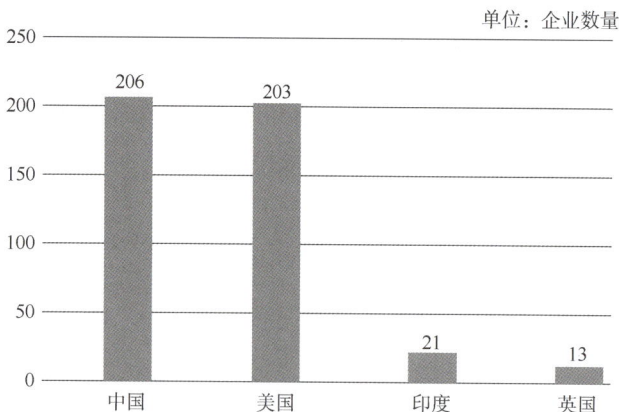

单位：企业数量

图 8-13　2019 年全球人工智能独角兽企业数量 TOP4

2020 年 3 月，科技部发布了《关于科技创新支撑复工复产和经济平稳运行的若干措施》，在重点举措的"培育壮大新产业新业态新模式"中，明确提出要大力推动关键核心技术攻关，人工智能是其中的一项。

　　随着人工智能专用芯片的突破，人工智能应用范围的不断扩大，众多人工智能创业公司的诞生和成长，2019年我国人工智能产业规模已经突破500亿元。据中国信通院数据统计，2015—2018年复合平均增长率高达54.6%，远超全球平均水平（约36%）。

　　中国人工智能技术起步较晚，但是发展迅速，目前在高水平论文数量、专利数量以及企业数量等指标已处于世界领先地位。2013—2018年，全球人工智能领域的论文文献产出30.5万篇。其中，中国发表7.4万篇，美国发表5.2万篇。在数量占比方面，2018年中国人工智能论文数量占全球27.7%。当前中美两国之间人工智能科研论文合作规模最大，是全球人工智能合作网络的中心，中美两国的合作深刻影响着全球人工智能的发展。

　　中国人工智能论文数量占全球比例从1997年的4.26%到2018年的27.68%，截至2018年12月31日，中国人工智能专利申请数达46 284件（图8-14）。随着国家大力提倡、投入研发逐渐增加，人工智能运用到越来越多的行业领域，未来相关专利数量会持续增加，人工智能技术产业化发展前景会越来越好。艾媒咨询显示，2018年中国人工智能领域共融资1 311亿元，增长率超过100%，投资者看好人工智能行业的发展前景，资本将助力行业更好地发展。

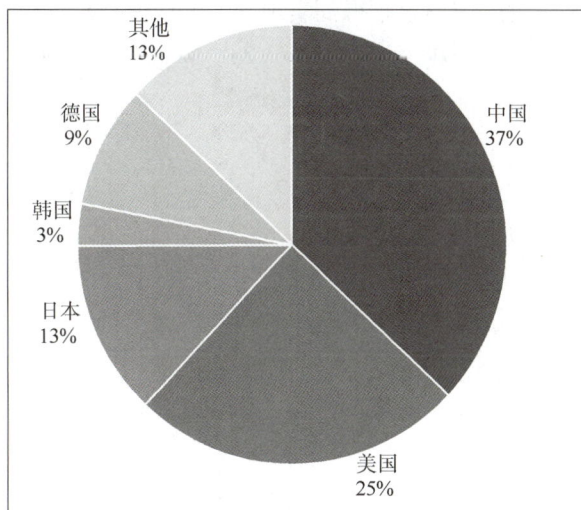

图8-14　2018年全球人工智能技术专利申请分布情况

在全球科学技术革新的时代浪潮下，我国对于人工智能领域的基础研究取得了不少突破性进展，中国科学家在学科前沿已经占据了一席之地。根据 *SCImago* 期刊排名显示，2015 年美国和中国在学术期刊上发表的相关论文近 1 万份（图 8-15），而英国、印度、德国和日本发表的相关论文总和只相当于美、中两国的 1/2，中国人工智能论文引用量排名世界第一，论文影响力方面中国则排名世界第三。麦肯锡公司全球总裁鲍达民表示："中国与美国是当今世界人工智能研发领域的领头羊。"

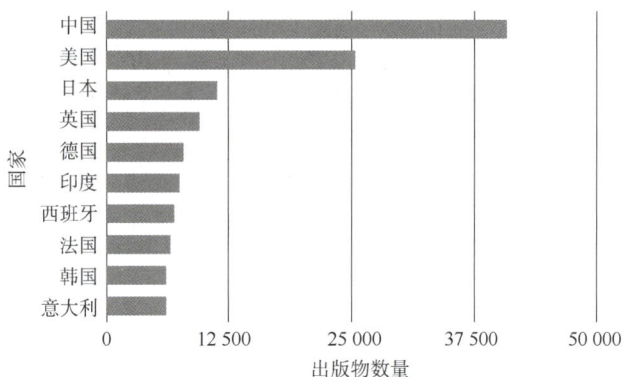

图 8-15　2011—2015 年人工智能领域出版物数量

随着人工智能技术的进一步发展和落地，深度学习、数据挖掘、自动程序设计等领域也将在更多的应用场景中得到实现，人工智能技术产业化发展前景越来越好。相信在不久的将来，我国很快就会从人工智能大国迈进人工智能强国，从局部领先向全局领先前进。

8.6　智慧地铁中的人工智能技术

人工智能发展进入新阶段，人工智能成为国际竞争的新焦点，人工智能变成经济发展的新引擎，带来社会建设的新机遇，带来新挑战。我国人工智能具有良好的基础，整体发展水平却与发达国家存在差距。在面对新形势新需求，必须主动求变应变，牢牢把握人工智能发展的重大历史机遇，紧扣发展、研判大势、主动谋划、把握方向、抢占先机，引领世界人工智能发展新潮流，服务经济社会发展和支持国家安全，带动国际竞争力整体跃升和跨越式发展。

2016 年，中国工程院根据人工智能 60 年的发展，结合中国发展的社会需求与信息环境，提出了人工智能 2.0 的理念。

中国工程院高文院士表示，人工智能 2.0 的一个鲜明特征是实现"机理类脑，性能超脑"的智能感知，进而实现跨媒体的学习和推理，比如，人工智能 AlphaGo 就是通过视觉感知获得"棋感"，"它将围棋盘面视为图像，对 16 万局人类对弈进行'深度学习'，获得根据局面迅速判断的'棋感'，并采用强化学习方法进行自我对弈 3 000 万盘，寻找最后取胜的关键'妙招'。"通过这种感知，AlphaGo 实现了符号主义、连接主义、行为主义和统计学习"四剑合璧"，最终超越人类。

自然科学基金委员会发布的《国家自然科学基金"十三五"发展规划》围绕人工智能发展战略做出了明确部署，"十三五"期间，自然科学基金委员会在学科布局中新增了"数据与计算科学"学科发展战略，在发展领域中提出了包括面向真实世界的智能感知与交互计算、面向重大装备的智能化控制系统理论与技术、流程工业知识自动化系统理论与技术以及大数据环境下人机物融合系统基础理论与应用等多个优先发展领域。

杨卫指出"中国人工智能的发展前景闪烁着希望的曙光，有望领跑世界"，在科技发展过程中，一个国家从跟跑到领跑的历史性跨越既是华丽的，又是艰难的。它需要高瞻远瞩地把握创新规律，认识到领跑特有的表现形式，并审时度势选择正确的领跑方向，而人工智能作为人机共融的重要组成部分，和智慧数据、新物理、合成生命、量子跃迁一道，可能成为我国科技率先实现从跟跑到领跑跨越的五个重要领域（图8-16）。

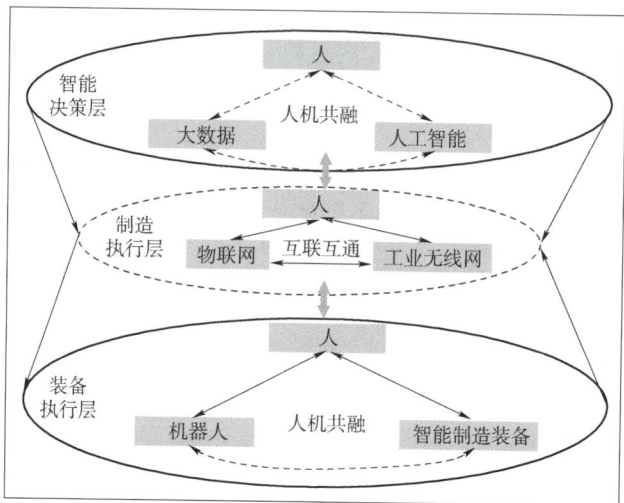

图 8-16   人机共融的结构层次

自 1965 年以来，人工智能的发展经历了几番起落，目前已由专家系统阶段快速进入深度学习阶段。作为一种通用的技术，人工智能是当前科技重心和推动产业升级转型的焦点，成为掀起颠覆性创新浪潮的新引擎。

2018 年起，国家发改委、工信部、国务院、科技部和教育部等中央机关发布了一系列相关政策，从国家层面大力推进人工智能，加快形成适应数字经济发展的就业政策体系，培养高素质人工智能方面的人才，深化人工智能技术研发和应用。相关政策包括《关于发展数字经济稳定并扩大就业的指导意见》《国家新一代人工智能创新发展试验区建设工作指引》《关于"双一流"建设高校促进学科融合加快人工智能领域研究生培养的若干意见》等。

除了国家层面出台政策外，各省市也相继出台了促进人工智能产业发展的政策。2020 年 6 月，北京市印发了《加快新型基础设施建设行动方案（2020—2022 年）》。其中在重点任务"建设新型网络基础设施"的工业互联网建设中提到，要推动人工智能、5G 等新一代信息技术、机器人等高端装备与工业互联网融合。

习近平总书记在博鳌论坛 2018 年年会开幕式上的主旨演讲中总结道："40

年众志成城，40 年砥砺奋进，40 年春风化雨，中国人民用双手书写了国家和民族发展的壮丽史诗。"改革开放 40 年的辉煌，就是翻天覆地的 40 年，就是梦想成真的 40 年，就是震撼世界的 40 年。这 40 年波澜壮阔的不平凡历程，这是一部国家和民族发展的壮丽史诗。我国改革开放 40 年让很多美好的梦想变成了现实。便捷的高铁、网购、支付宝、共享单车被称为中国的"新四大发明"。在载人航天、探月工程、深海探测、高速铁路、商用飞机、特高压输变电、移动通信等领域，均取得了具有世界先进水平的重大科技创新成果。"天眼"探空、"蛟龙"探海、神舟飞天、高铁奔驰、北斗组网、大飞机首飞等惊艳全球。2017 年世界 500 强企业中中国公司数量已达到 115 家，并出现了华为、阿里巴巴、海尔等一大批世界级的国际知名公司，中国已经是世界最大的工业国家，中国制造早已成为世界人民不可或缺的商品，且质量不断提高。

中国始终坚持对外开放基本国策，从加入世界贸易组织到共建"一带一路"，为应对亚洲和国际金融危机作出重大贡献。目前，中国不仅成为世界第二大经济体，而且已经成为世界第一大工业国、第一大货物贸易国、第一大外汇储备国，成为世界经济增长的主要稳定器和动力源。

截至目前，中国并没有在地铁系统中广泛采用完全智能驾驶技术，但是一些城市已经开始进行试点项目，逐步引入相关技术。例如，上海地铁在 2017 年启动"智轨 2.0"项目，该项目利用激光雷达、摄像头等传感器技术，实现了对列车的自动驾驶和车辆的自主导航。该系统具有进行列车的智能调度、自动停车等功能。虽然在商业化应用上还处于早期阶段，但这一项目标志中国地铁系统在智能化方面取得了一些进展，随着技术的不断发展，预计将有更多类似的项目在未来涌现（图 8-17）。

上海地铁智轨 2.0 项目旨在引入先进的智能交通技术，通过激光雷达、摄像头等传感器实现地铁列车的自动驾驶和调度。该系统运用计算机视觉和深度学习算法，实现对列车周围环境的实时感知和智能决策。高速通信技术（如 5G），用于实现列车与控制中心的实时通信、远程监控和调度；自主导航技术使列车能够在不同场景中自主导航，智能避障系统确保列车在运行过程中安全规避障碍物；自动紧急制动系统和其他安全系统的引入提高了整体列车运行的安全性；通过实时数据处理和监控，系统能够优化列车运行时刻表，减少乘客等待时间，提高乘客的整体出行体验。这一综合技术的实施为地铁系统带来了更高的自动化程度、更安全的运行以及更优化的乘客服务。

图 8-17　智能轨道交通

第 9 章

中国的人工智能大师们

9.1　吴文俊

　　吴文俊于 1919 年出生在上海的一个书香世家。从小学到初中，数学都不是他喜欢的科目。高中时，他逐渐对数学、物理，特别是几何与力学产生了学习兴趣。1936 年，吴文俊中学毕业，由于家境困难，而学校提供的奖学金要求他必须报考上海交大数学系，当初念数学系并非吴文俊的本意，没想到却造成了一个美妙的"错误"。在大三的时候，他接触到英文著作《代数几何》并深深地迷上了数学。大学毕业后，吴文俊由于在数学方面的突出表现，经引荐认识了苏步青、陈省身等当时数学界的大家。后来，他进入中央研究院数学研究所，受教于陈省身，之后便踏上了数学研究的道路。

　　1949 年，吴文俊获法国斯特拉斯堡大学博士学位；1957 年，当选为中国科学院学部委员；1991 年，当选第三世界科学院院士，获得陈嘉庚科学奖；2001 年 2 月，获 2000 年度国家最高科学技术奖（图 9-1）。

图 9-1　中国人工智能先驱、中国数学机械化之父——吴文俊

吴文俊的研究工作涉及数学的诸多领域，其主要成就表现在拓扑学和数学机械化两个领域。

拓扑学是现代数学的支柱之一，也是许多数学分支的基础。吴文俊从 1946 年开始研究拓扑学，1974 年后转向中国数学史研究，这 30 年中在拓扑学领域取得了一系列重大成果，其中最著名的是"吴示性类""吴示嵌类"的引入以及"吴公式"的建立。在拓扑学研究中，吴文俊起到了承前启后的作用，极大地推进了拓扑学的发展，引发了大量的后续研究。他的工作也已经成为拓扑学的经典成果，半个世纪以来一直发挥着重要作用，在许多数学领域中应用，成为教科书中的定理。

在数学机械化方面，中国传统数学强调构造性和算法化，注意解决科学实验和生产实践中提出的各类问题，往往把得到的结论以各种原理的形式予以表述。吴文俊把中国传统数学的思想概括为机械化思想，指出它是贯穿于中国古代数学的精髓。他列举大量事实说明，中国传统数学的机械化思想为近代数学的建立和发展作出了不可磨灭的贡献。1986 年，吴文俊第二次被邀请到国际数学家大会并介绍这一发现。

吴文俊特别重视数学机械化方法的应用，明确提出"数学机械化方法的成功应用，是数学机械化研究的生命线"。他不断开拓新的应用领域，如控制论、曲面拼接问题、机构设计、化学平衡问题、平面天体运行的中心构型等，还建立了解决全局优化问题的新方法。他的开拓性成果，导致了大量的后续性工作。吴特征列方法还被用于若干高科技领域，得到一系列国际领先的成果，包括曲面造型、机器人结构的位置分析、智能计算机辅助设计（CAD）、信息传输中的图像压缩等。数学机械化研究是由中国数学家开创的研究领域，并引起国外数学家的高度重视。吴特征列方法传到国外后，一些著名学府和研究机构，如 Ox-ford，INRIA，Cornell 等，纷纷举办研讨会介绍和学习吴特征列方法。国际自动推理杂志 JAR 与美国数学会的"现代数学"，破例全文转载吴文俊的两篇论文。美国人工智能协会前主席 W. Bledsoe 等人主动写信给中国主管科技的领导人，称赞："吴文俊先生关于平面几何定理自动证明的工作是一流的。他独自使中国在该领域进入国际领先地位"。

2017 年 5 月 7 日，吴文俊在北京不幸去世，享年 98 岁。2022 年 9 月 7 日，第九组《中国现代科学家》纪念邮票首发式在中国科技会堂举行，数学家吴文俊等四位科学家入选（图 9-2）。

图 9-2　吴文俊纪念邮票

　　"他的成果都是独出蹊径，不袭前人，富创造性。""这是一个十分杰出的数学家！"这是陈省身对学生吴文俊的评价。在整个人生中，吴文俊的研究几度中断，对数学的态度也几经反复，但是在经年的累积中，数学研究者已经成为他的一张名片，我们应该认为他是热爱数学的，最终他还是将心血浸沥在热爱的土壤里，开出了别样夺目的花。

9.2 戴汝为

戴汝为（图9-3），云南昆明人，1955年北京大学毕业后，分配到中国科学院力学研究所工作，师从著名科学家钱学森，后到中国科学院自动化研究所工作至今。其研究领域主要有模式识别、人工智能、复杂系统理论和方法。1980年作为国家首批派出赴美访问学者，师从著名模式识别大师傅京孙（K. S. FU）教授，1991年当选中国科学院院士。现任中国科学院自动化研究所学术委员会主任、学位委员会主任、中国自动化学会理事长、国际自控联委员，曾任中国科学院学部主席团成员、信息技术科学部副主任、道德委员会委员。

戴汝为长期从事自动控制、系统科学、思维科学、模式识别、人工智能等方面研究工作，1956年他将傅京孙教授于1954年在美国出版的经典著作 *Engineering Cybernetics* 译成中文《工程控制论》（1958年出版）。作为钱学森归国后的第一位"入室弟子"，戴汝为院士自20世纪50年代开始从事工程控制论与最优控制

图9-3　控制论与人工智能
专家——戴汝为

研究；20世纪70年代最早在国内开展模式识别研究，把统计模式识别与句法模式识别有机地结合起来，提出了新的语义、句法模式识别方法；20世纪80年代中期开展了人工神经网络在知识工程中应用的研究；20世纪90年代初，进行智能控制及手写汉字识别的工作。通过知识系统及人工智能的途径，跨入开放的复杂系统及其方法论的研究。其工作经历主要有：1955—1956年，中国科学院力学研究所任助理研究员；1980—1982年，普渡大学任国家首批外派访问学者；1956年至今，中国科学院自动化研究所任研究员。

近年来先后出版了《语义—句法模式识别及其应用》《智能系统的综合集成》《人机共创的智慧》（图9-4）、《汉字识别的系统与集成》《论信息空间的大

成智慧》《社会智能科学》《系统学与中医药创新发展》《社会智能与综合集成系统》等专著，发表学术论文 200 余篇，已培养博士、硕士百余名。现任《模式识别与人工智能》《复杂系统与复杂性科学》学术杂志主编，兼任清华大学、北京师范大学等多所大学教授及名誉教授。其学术成就：1991 年中科院自然科学一等奖，1999 年《智能自动化丛书》（主编共 6 册）获国家图书奖，2001 年获国家科技进步奖一等奖，2002 年获"何梁何利"科技进步奖，2010 年获中国模式识别科技终身成就奖，2012 年获中国科学院自动化研究所杰出贡献奖，2012 年获"西蒙 SIMON"国际信息技术与决策杰出贡献奖。

戴院士在接受采访时有记者问道：复杂系统管理与控制与人工智能的联系和区别是什么？戴院士回答道：人工智能技术自 20 世纪中叶快速发展，在众多领域得到应用，但也遇到了瓶颈。钱学森先生早在 20 世纪 80 年代就提出了思维科学是智能计算机的理论基础。他带领我们实现了系统学的创建，发表了《一个科学新领域——开放的复杂巨系统及其方法论》一文，从而面向 21 世纪提出了具有划时代意义的科学方法论。这个阶段随着"思维科学""复杂性科学"研究的进展，从而孕育了智

图 9-4 《人机共创的智慧——著名科学家谈人工智能》

能科学和脑科学。通过"系统复杂性"的研究，利用当代计算机科学和信息技术手段，实现了信息空间的综合集成研讨。钱学森先生说过，这就是知识产生体系、人类涌现新的"智慧"。这也是"复杂系统"管理和控制的历程。

在进行模式识别研究的日子里，戴汝为逐渐认识到计算机和人类在智能上各有所长。计算机擅长逻辑运算，而人类擅长经验总结，能否将两者结合起来，创造一种全新的人工智能模式，成为戴汝为的另一个研究目标。

1990 年，戴汝为与钱学森、于景元两位科学家联名在 *Nature* 杂志上发表了论文《一个科学新领域——开放的复杂巨系统及其方法论》，这标志着一个全新的交叉学科——"复杂巨系统及其方法论"从此诞生。

"那时我刚分配到力学所工作，钱老也刚回国，回国后他就开始从事一线教学活动，每周六他还会在中关村的化学所礼堂讲课。我当时比较年轻，除了上课

之外，还会协助钱教授做一些其他工作。"戴汝为回忆说。

在戴汝为看来，正是因为这些杂事才让他有更多的机会接触到钱学森。"那时候我与何善堉一起负责《工程控制论》一书的中文翻译工作，我把课堂记录的笔记拿给钱老看，请他审核。他总是很耐心细致地用红笔标记出不合适的地方，然后我再刻钢板印讲义发给听课的 200 余人。"戴汝为回忆说。

当时，最让学生钦佩的不仅仅是钱学森渊博的学术知识，还有他授课时讲的那一口地道的北京话。"你别看他出国 20 年，但是对母语——汉语的感情从来没有消减过。"戴汝为说。

戴汝为特意谈到了当年一位在天津工作的老师为了听钱学森讲课，每周都会从天津赶到化学所的礼堂听课。戴汝为说："当时的交通可不像现在这样方便，但是那个老师却一直坚持到最后一堂课，这足以证明钱老授课的魅力。"那位当年的年轻教师就是天津大学的周恒，如今他已成为中国科学院院士。而《工程控制论》一书也被戴汝为认为是中科院自动化所建所的基础理论。

至今仍有一件事让戴汝为想起来都觉得惭愧。刚刚到力学所参加工作的他正好在所图书馆里遇到了看书的钱学森，他走过去问钱所长现在应该看些什么参考书。钱学森并没有告诉他，而是说："作科研的人自己不能独立思考解决这种问题，还得问我吗？""我当时听了心里非常难受。"但这句话却深深印在戴汝为的心里。他认为钱老在告诉他一个道理：有些事情能自己做就自己做，这也是对个人独立工作能力的锻炼。

9.3 陆汝钤

陆汝钤（图9-5），计算机科学家，原籍江苏苏州，1935年2月15日生于上海。1959年毕业于德国耶拿大学数学系获学士学位。中国科学院数学与系统科学研究院数学研究所研究员。1999年当选为中国科学院院士。陆汝钤作为中国人工智能领域的开拓者和先驱之一，在知识工程方面取得系统性创新成就，特别是在全过程动画自动生成、专家系统开发环境、软件自动生成、少儿图灵测试、知件、大知识特征刻画等方面取得多项国际公认具有创新性的领先成果。

陆汝钤在知识工程和基于知识的软件工程方面作了系统的、创造性的工作，是我国该领域研究的开拓者之一。他设计并主持研制了知识工程语言 TUILI 和大型专家系统开发环境"天马"，首次把异构型分布式人工智能（DAI）和机器辩论引进人工智能领域。研究出基于类自然语言理解的知识自动获取方法，把 ICAI 生成技术推进到以自动知识获取为特征的第三代，并开发出基于知识的应用软件自动生成技术。他研究出能把中文童话故事自动转换成动画片的计算机动画全过程自动生成技术，在艺术创造领域推进了人工智能。

图 9-5 计算机科学家——陆汝钤

陆汝钤院士发表论文近百篇，专著六部，曾获中科院重大成果一等奖、中科院科技进步奖一等奖、国家科技进步奖二等奖。陆汝钤现为实验室学术委员会主任、首席科学家、中国科学院数学与系统科学研究院研究员、博士生导师；1999年当选为中国科学院院士，研究方向主要为人工智能和基于知识的软件工程，他担任《软件学报》、《计算机学报》、《应用数学学报》、《模式识别和人工智能》、《计算机科学》、*Database Technology*（Pegamon Press 出版，英国）等杂志的编

委；目前陆汝钤院士担任中国计算机学会模式识别和人工智能专业委员会副主任委员；曾到不来梅大学、汉堡大学、慕尼黑技术大学、萨尔州大学（德国）、马德里技术大学、巴塞罗那技术大学（西班牙）讲学。

陆汝钤院士于 1985 年在国际上率先研究异构型分布式人工智能，把机器辩论引进人工智能。设计并主持实现分布式逻辑推理和基于分布式推理的城市交通管理软件。1990—1995 年提出一套全过程计算机支持动画自动生成技术《天鹅》，在艺术创造领域发展了人工智能（图 9-6）。

图 9-6　陆汝钤早期工作

截至 2019 年 7 月，陆汝钤发表论文 200 余篇，撰写和主编出版著作十余部。其中两卷本《人工智能》在中国国内被许多高校作为教材；《计算机语言的形式语义》及其两卷扩充版《计算系统的形式语义》系统地总结了该领域的成果；*Know ware the third star after hard ware and software* 在国际上介绍了知件的创新思想及研究成果；《软件移植：原理和技术》《专家系统开发环境》、*Domain modeling based software engineering-a formal approach* 和 *Automatic generation of computer animation* 分别系统总结了 XR 计划、《天马》、《天鹰》、《天鹅》四个项目及有关成果；《Algol68 导引》是中国国内唯一研究 Algol68 语言的专著，所有这些中英文专著中陆汝钤均为唯一、第一作者（图 9-7）。

在北京的中科院黄庄小区，陆汝钤正在参与一批博士的论文答辩，戴上耳机、连上耳麦，85 岁的陆汝钤开始了一天中最快乐的时光。不过，相较于大多数人网上"冲浪"的快感，他更享受与年轻人之间的头脑风暴。

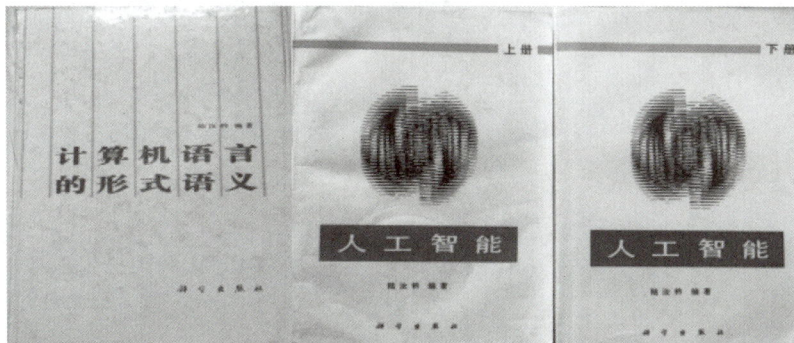

图 9-7　陆汝钤的代表著作

　　1935 年，祖籍苏州的陆汝钤出生在上海。7 岁那年，随祖父母回到苏州凤凰街陆家老宅。此后多年，他往返于苏沪两地，在东吴大学操场上荡过秋千，也用双脚丈量过七里山塘。

　　苏州是典型的小桥流水人家，陆汝钤院士说，如果要刻画自己印象中的苏州，应该改成"小桥僻巷人家"，后面还要加上六个字：枕河、饮井、灯花。1952 年，陆汝钤高中毕业的第二年受国家派遣赴德国留学，1959 年毕业于耶拿大学数学系，回国后就被分配到中科院数学研究所工作，一切看起来顺遂又自然。然而 20 世纪 70 年代初，陆汝钤决定转战计算机科学领域，很快所里迎来第一台国产晶体管计算机。

　　2018 年 11 月 1 日陆汝钤荣获首个"吴文俊人工智能最高成就奖"，获颁 100 万元人民币奖金。颁奖现场一位两鬓斑白，却仍步履矫健的学者踏上了第八届吴文俊人工智能科学技术奖颁奖典礼的舞台，接过了首个吴文俊人工智能最高成就奖的奖杯。获奖之际，原本生活简单安静，连手机都不用的 83 岁老先生，突然成为公众关注的人物，这多少让他有点不习惯，"完全没想到，又有些惶恐。"

　　然而，在李德毅、谭铁牛等 40 多位院士专家组成的大奖评审委员会看来，陆汝钤作为我国最早开展人工智能理论与技术研究的学者之一，在知识工程方面取得的系统性创新成就为国际所公认，可谓贡献卓越。

　　正如陆汝钤院士题字所言（图 9-8），"发展大数据时代的大知识工程，是人工智能研究的重要一翼"，陆汝钤院士的言辞透露出对知识工程未来的深切期望和自我鞭策的决心。他以开放的心态拥抱新技术，致力于推动知识工程与大数据、深度学习等前沿科技的融合，展现出对人工智能领域发展的无限热情和坚定信念。

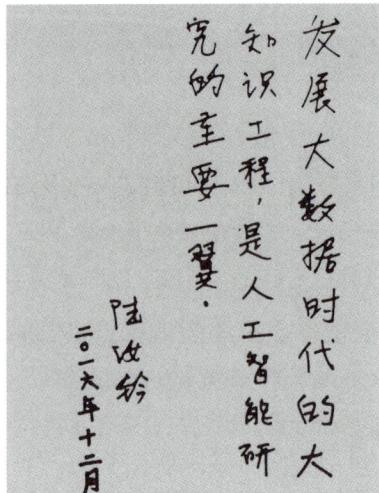

图 9-8　陆汝钤院士题字

在陆汝钤看来，人工智能是"如此能够激发人类想象力和创造力"的一个学科，未来完全可以应用到工作生活的任何领域来解决问题，欠缺的只是想象力。"很多年轻人还不太习惯于独立的思维，走自己的路，而是希望在别人的路上走得更好一点、更远一点。我的建议是，要放开想象力，敢于去做别人没有想到的事情，走别人没有走过的路。就像我最赞同的，爱因斯坦说过的一句话——想象力比知识更重要。"

陆汝钤的女儿孔晓军评价自己的父亲说，"他为科学付出最大的热情和好奇，在他耄耋之年也能够以饱满的精力激励着自己来探索，在他的精神世界中畅游"。

9.4　张钹

张钹（图9-9），1935年3月26日出生于福建福州福清市，计算机科学与技术专家，俄罗斯自然科学院外籍院士、中国科学院院士，清华大学计算机系教授、博士生导师。现任清华大学人工智能研究院院长，微软亚洲研究院技术顾问。1953年张钹考入清华大学；1958年在清华大学自动控制系毕业后留校任教，先后在自动控制系、计算机科学与技术系任教，历任讲师、副教授、教授；1994年当选为俄罗斯自然科学院外籍院士；1995年当选为中国科学院院士；2015年获得2014CCF终身成就奖。

图9-9　计算机科学与技术专家——张钹

张钹从事人工智能理论、人工神经网络、遗传算法、分形和小波等理论研究，以及把上述理论应用于模式识别、知识工程、智能机器人与智能控制等领域的应用技术研究。

在这些领域，他已发表200多篇学术论文和5篇（或章节）专著（中英文版）。他的专著获得国家教委高等学校出版社颁发的优秀学术专著特等奖。他的科研成果分别获得ICL欧洲人工智能奖，国家自然科学三等奖，国家科技进步奖三等奖，国家教委科技进步奖一等奖、二等奖，电子工业部科技进步奖一等奖以及国防科工委科技进步奖一等奖等奖励。此外，他参与创建智能技术与系统国家重点实验室，于1990—1996年担任该实验室主任，1987—1994年任国家"863"高技术计划智能机器人主题专家组专家。他提出问题求解的商空间理论，在商空间数学模型的基础上，提出了多粒度空间之间相互转换、综合与推理的方法。

张钹早期从事自动控制理论与系统研究，1979年开始计算机科学与技术研究。他提出人工智能问题求解的商空间理论，解决不同粒度空间的问题描述、它们之间相互转换以及复杂性分析等理论问题。此外，还指导和参加了人工神经网络理论及应用、知识工程、智能机器人、智能控制以及人机交互技术等应用技术研究，完成多项高技术研究任务。

20世纪80年代以后，他主要从事人工智能和计算机应用技术的研究，指导并参加建成了陆地自主车、图像与视频检索等实验平台。

张钹和同事是国内最早接触到人工智能的研究者，成为我国在这方面的首批专家（图9-10）。从零起步的阶段是艰难的，5年后他们几经周折才从国外买到一部机械手用来做研究的基础设备。谁能想到，今天的智能技术与系统国家重点实验室就是从这样一部貌不惊人的机械手起家的。实验室是张钹的骄傲，作为国家的重要科研基地，这个优秀的团体连续三次在专家评审中都获得了"优"，是全国近150个实验室中成绩最好的，张钹作为该实验室主任也因贡献突出获得了国家科委和计委颁发的个人金牛奖。

图9-10　张钹院士四兄弟（从左向右依次是张铙、张铃、张钹、张锻，1990年）

　　张钹在学术研究上的主要贡献是提出问题分层求解的商空间理论，通过代数的方法，系统地解决了不同层次求解空间的问题表达、复杂性分析，不同层次空间之间信息、算子及推理机制等的相互转换关系。在上述理论基础上，他进一步提出了统计启发式搜索算法，极大降低了计算复杂性，具有重要的应用价值。其专著《问题求解理论及应用》全面总结了他在人工智能理论研究中的成果，其英文版专著于 1992 年由 Elsevier Science Publishers B. V.（Nortn-Holland）出版，中文版获国家教委颁发的高校出版社优秀学术专著特等奖。澳大利亚专家 Ronald Walts 在计算机杂志 *The Australian Computer Journal*（1995）对《问题求解理论及应用》（英文版）的评论为"这是一部在重要研究领域的优秀著作"。美国学者 Harold S. Stone 认为，张钹等在统计启发式搜索等方面的工作，将新一代计算技术的前沿向前推进了。

　　基础理论扎实是张钹的学术研究特色，在扎实的理论基础上，他积极推进计算机应用技术的研究。由于我国人工智能研究的起步比国外晚了 20 多年，头发花白、清瘦、儒雅的张钹和同事努力地追赶着国际人工智能发展的脚步。尽管已 85 岁高龄，张钹说起自己来南京创业的初衷和对未来的期许，思路格外清晰。他开玩笑说，自己一辈子只做了两件事：一个是在清华大学读书，一个是在清华大学教书。1953 年，高考三门满分的张钹，在面对"清华电机"还是"北大物理"的问题上，困扰了许久。最后张钹选择了"清华电机"的"正宗"专业——"电气机器制造类"。

　　张钹 1953 年考入清华大学电机专业，在清华念了 5 年书后留校工作，机缘巧合之下又开始研究人工智能领域。1956 年，中国制定了"国家十二年科学技术发展远景规划"，重点开展原子弹、核武器和火箭的研制。国家要求清华大学增设新专业，以培养专业人才与师资力量。正在读大三的张钹被调入清华计算机系的前身——自动控制系统专业学习，从那时起他就与计算机系结下不解之缘。1958 年，张钹作为新中国第一批该专业优秀毕业生留校任教，从此，清华大学成为他事业的舞台（图 9-11）。

　　为加强计算机学科建设，张钹所在的清华自控系更名为计算机系，张钹也迎来了人生的第二个选择：调整到精仪系与新成立的自动化系，还是选择继续留在系里，但必须改变专业转到与计算机相关的方向。

　　经过一番抉择，张钹选择留在计算机系，并在石纯一和黄昌宁等老一代老师的共同努力下，选择"人工智能与智能控制"作为新的教学与科研方向，开启了建设"人工智能"的新历程。身为我国人工智能领域的奠基人之一，在计算机都罕见的年代里，他与人工智能的渊源是"先结婚后恋爱"。

图 9-11　张钹获 CCF 终身成就奖

"在清华工作 62 年，从 1978 年开始一直在研究人工智能技术，直到 2018 年退休。"当被问及什么是"智能"该有的样子时，张钹提出要建立可解释、鲁棒性（即性能稳定、抗干扰能力强等状态）强的人工智能理论和方法，发展安全、可靠和可信的人工智能技术。

从 1978 年就开始研究人工智能的张钹，为中国人工智能奉献了自己全部的科研生涯。时至今日，即使已经年过八旬，但他依旧站在中国人工智能事业的前线，身体力行地传递着其对人工智能领域的研究精神。为人正，为学严，为师贤，是张钹院士的真实写照。

9.5　潘云鹤

潘云鹤（图9-12），生于1946年11月4日，浙江省杭州市人。1974年3月加入中国共产党，1970年9月参加工作，浙江大学计算机系计算机应用专业毕业，研究生学历，工学硕士，教授、博士生导师，计算机专家，中国工程院院士，国际欧亚科学院院士，1997年当选为中国工程院院士，2013年3月任第十二届全国政协常委、外事委员会主任，现兼任国务院学位委员会委员、中国科学技术协会顾问、中国图象图形学学会名誉理事长等职。潘云鹤长期从事计算机图形学、人工智能、CAD和工业设计的研究，是中国智能CAD和计算机美术领域的开拓者之一。潘云鹤于1981年浙江大学计算机系毕业获硕士学位，并留校任计算机系教授、系主任、副校长、人工智能研究所所长、现代工业设计研究所所长；1995年5月—2006年8月担任浙江大学校长；2006年6月—2014年6月担任中国工程院常务副院长；2013年3月—2018年2月担任第十二届全国政协常委、外事委员会主任；兼任国务院学位委员会委员、国家新一代人工智能战略咨询委员会组长、战略性新兴产业发展专家咨询委员会副主任、中国发明协会理事长、中国创新设计产业战略联盟理事长、中国图象图形学学会名誉理事长等职。

图9-12　计算机应用专家——潘云鹤

1946年11月，潘云鹤出生于下城区孩儿巷一号，在这里度过了自己的青少年时期。他先后就读于怀幼小学、杭州第二初级中学（图9-13），打下了十分扎实的基础。1960年，潘云鹤考进杭州艺专美术系，毕业后，又考入上海同济大学建筑系。

图9-13　2019年潘云鹤回母校——杭州市青春中学

潘云鹤长期从事计算机图形学、人工智能、CAD和工业设计的研究，是中国智能CAD和计算机美术领域的开拓者之一。他在计算机美术、智能CAD、计算机辅助产品创新、虚拟现实和数字文物保护、数字图书馆、智能城市及知识中心等领域承担过多个重要科研课题，创新性地提出跨媒体智能、数据海、智能图书馆、人工智能2.0等概念，发表多篇研究论文，取得了多项重要研究成果，多次获得国家、省部级科技奖励。

潘云鹤在浙江大学被委以重任。1991年，他开始担任计算机系主任，4年后被任命为浙大校长。1998年9月，原浙江大学、杭州大学、浙江医科大学、浙江农业大学四校合并，潘云鹤继续出任校长，执掌新组建后的浙大。

2002年8月15日，世界著名科学思想家和理论物理学家、英国剑桥大学卢卡斯数学教授史蒂芬·霍金受聘为浙江大学名誉教授。受聘仪式上，原浙江大学校长潘云鹤向霍金颁发名誉教授证书，霍金夫人替丈夫接过聘书，并放在霍金胸前。随后，潘云鹤将一枚浙江大学教师的红校徽别在霍金胸前，全场响起了热烈的掌声（图9-14）。

图9-14 原浙江大学校长潘云鹤向霍金颁发名誉教授证书

在荣誉和赞扬声中，潘云鹤没有陶醉，他将科研技术成果与传统的行业生产相结合，产生了显著的经济效益和社会效益，并在专业领域继续深耕，发表了一系列有独到见解的论文。1997年12月，51岁的潘云鹤成为中国工程院院士，也是同期最年轻的院士。

潘云鹤从自身的经历出发，认识到多学科融合对于创新研究的重要性。他逐步推行学科融合，培养复合型人才，主张对低年级本科生采取"宽教学"的方法，大胆打破专业限制。这种教学理念在浙大一直延续到今天。

如今，古稀之年的潘云鹤依旧保持着对科研创新的高度热情。他相信人工智能已成为开启下一个时代的关键密码。

潘院士做客"科学大讲堂"暨"高屋建瓴"首期公开课时建议人工智能学院，要抓好学科人才培养和科研建设工作，进一步将人工智能和产业融合发展，为高质量发展添薪续力，勇闯人工智能领域的"无人区"。

9.6　郑南宁

郑南宁（图9-15），1952年12月19日出生于江苏省南京市，人工智能、计算机视觉与模式识别专家，IEEE会士，1975年毕业于西安交通大学电机工程系，1981年获西安交通大学工学硕士学位，1985年获日本庆应大学工学博士学位，曾任国家高技术研究发展计划（即"863计划"）信息领域首席科学家、国家信息化第一届专家咨询委员会委员、西安交通大学校长（2003年8月—2014年4月）。

图9-15　计算机应用专家——郑南宁

郑南宁现任西安交通大学人工智能与机器人研究所教授、视觉信息处理及应用国家工程实验室理事长、国务院学位委员会委员、中国自动化学会理事长、中国认知科学学会创会副理事长、国际模式识别协会（IAPR）中国代表、国家科技重大专项"核心电子器件、高端通用芯片及基础软件产品"（即"核高基"）咨询专家委员会主任，曾任陕西省科学技术协会主席（2002—2014年）。长期从事人工智能与模式识别、计算机视觉及其先进计算架构的应用基础理论与工程技术的研究，建立的视觉场景理解的立体对应计算模型与视觉注意力统计学习方法成为该领域代表性工作，为构造计算机视觉系统和基于图像信息的智能控制系统提供了理论指导和关键技术。先后获国家科技进步奖二等奖（1991年、1996

年)、国家技术发明二等奖(2007 年)、国家自然科学二等奖(2016 年)。曾获"做出突出贡献的留学回国人员"(1991 年)、"国家级中青年突出贡献专家"(1992)、"全国优秀教师"(1993)、"中国青年科学家奖"(1996 年)等荣誉称号,首批入选国家"百千万人才工程"(1995 年),1995 年获国家杰出青年科学基金资金,2001 年获何梁何利科学技术奖。

郑南宁院士团队以体育精神育人,教师节、中秋节给学生送礼物是团队坚持了很多年的习惯,这源于团队带头人郑南宁院士对学生的一片关爱。"要注意身体,加强体育锻炼",学生们对郑南宁院士的崇拜,可不只是因为郑院士有着深厚的学术造诣,还因为他是"一口气能做五十个俯卧撑"的体育达人。在郑院士的理念里,科学与体育结合迸发出的魅力势不可当,因此他提倡"为祖国健康工作五十年"的体育精神,在忙碌的工作中,始终坚持和学生一起跑步、游泳、骑车等(图 9-16)。

图 9-16　郑南宁院士和学生一起锻炼

"郑老师认为锻炼和科研都是一个漫长的过程,需要耐得住寂寞并不断突破极限。"博士生刘子熠说,2003 年保研入学的张雪涛在体育成绩上并不出众,郑南宁院士关注到了这一点,坚持带领学生锻炼,"我记得 2008 年的夏天,已经快50 岁的郑老师还可以绕着操场跑 20 圈,我们跟着他一起跑,直到蒙蒙细雨变大了才停下来。"博士生刘龙军是 2007 年进入人机与环境工程研究所(简称人机所）的，他说郑南宁院士对他们身体健康的关心 12 年间从未间断，"陪郑老师出去开会的时候，他会叮嘱我们吃饱吃好，但又不忘时刻督促我们进行体育锻炼。""我们办公室还配备了血压计和体脂秤，郑老师经常会让我们去使用一下。"青年教师杜少毅将跑步的习惯从 2008 年保持到了现在，"做学生的时候，郑老师基本每天都带着我们去跑步，工作以后虽然忙了，我还会坚持每周锻炼。"

"要培养人才，提供发展机会。"尽管人工智能领域已经有所发展，但不可否认人才缺口仍然很大，这一现实反映在高校就是人工智能人才培养得相对不足。为此，郑南宁院士十分重视人工智能课程的设置和相关人才的培养（图 9-17）。人工智能学院副教授汪建基提到新成立的人工智能学院和人工智能试验班，"人工智能课程是国内的一个先例，综合了很多学科的知识，所以刚开始时没有课本，给学生的预习和复习都造成了一定的困难，郑老师非常上心，和我们多次讨论，一定要编写出一个课本。"

图 9-17　郑南宁院士为学生授课

在发表感言时，郑南宁说："从教四十多年的时间里，我作为一名大学教师践行了应尽的教书育人的责任，党和国家给了我这样莫大的荣誉，这荣誉的背后是我们整个团队成员共同的努力和奋斗。"鲜花虽好，也需绿叶扶持，郑南宁认为"全国先进工作者"的这份成就和荣誉，离不开齐心协力的团队合作，离不开每一位奋力推动人工智能科学发展的团队成员的支持。

郑南宁是我国人工智能科学发展的先行者和奠基者，作为我国人工智能 2.0

战略计划的带头人之一，为我国人工智能领域的前瞻性战略规划、前沿性技术突破和产业发展作出了突出贡献。他作为国家自然学科基金委员会重大研究计划"视听觉信息的认知计算"指导专家组组长，于2009年创建并成功组织了十一届中国智能车未来挑战赛，极大地推动了我国人工智能及无人驾驶智能车的发展。2018年中央电视台专题报道《我们一起走过——致敬改革开放40周年》称赞郑南宁教授"为中国人工智能发展夯实了基础"。

作为我国改革开放的第一批研究生和公派留学生，郑南宁坚决拥护中国共产党的领导和社会主义制度，始终坚持共产党人的奉献精神，坚持将民族复兴与个人命运紧密相连，不计个人得失。1985年博士后工作结束后，他毅然从国外返回母校，1986年与著名学者、西迁教师宣国荣教授共同组建了国内第一个人工智能专职科研团队——人工智能与机器人研究所，率先开展人工智能方面的教学、科研等工作，逐步形成了独特的育人文化和制度，且该研究所已成为人工智能高层次人才培养的重要基地（图9-18）。

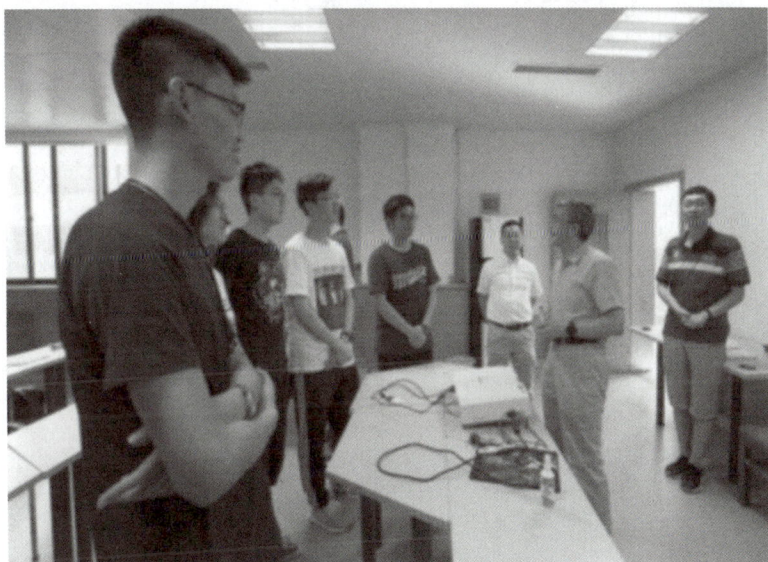

图9-18　郑南宁院士（右二）与学生在一起

在人才培养方面，郑南宁30年来一直奋斗在教书育人、科研创新的第一线，强调学生的人格养成、价值观、独立思考、创业精神等教育核心本质以及国家和社会大众的根本利益，要求"让学生拥有一个充实而正确的信仰"。

郑南宁曾任西安交大校长，他十分重视学生核心价值观的建设和素质培养，指出"人才培养，是大学的根本任务，是高教强省的基础工程"，在学校教育改革中大胆创新，敢为人先，为提高人才培养质量，践行"大成智慧学"，积极探索一流大学人才培养新模式，系统地提出和实施"2+4+X"培养模式、"工程坊"创新实践、本科生"书院制"和倡导"体育精神"等创建一流大学的教育理念和教育改革。

第 10 章

人工智能与模糊理论的未来

10.1　起起落落，人工智能终爆发

　　1956 年夏，麦卡锡、明斯基、纳撒尼尔·罗切斯特和香农等科学家在美国达特茅斯学院开会研讨"如何用机器模拟人的智能"，首次提出"人工智能"这一概念，标志着人工智能学科的诞生。人工智能的目标是模拟、延伸和扩展人类智能，探寻智能本质，发展人类智能机器。人工智能充满未知的探索道路曲折起伏，如何描述 1956 年以来 60 余年的人工智能发展历程，学术界可谓仁者见仁、智者见智。

　　人工智能经过 60 余年的发展突破了算法、算力和算料（数据）等"三算"方面的制约因素，拓展了互联网、物联网等广阔应用场景，开始进入蓬勃发展的黄金时期。从技术维度看，当前人工智能处于从"不能用"到"可以用"的技术拐点，但是距离"很好用"还有数据、能耗、泛化、可解释性、可靠性、安全性等诸多瓶颈，创新发展空间巨大，从专用到通用智能，从机器智能到人机智能融合，从"人工+智能"到白主智能，后深度学习的新理论体系正在酝酿；从产业和社会发展维度看，人工智能通过对经济和社会各领域渗透融合实现生产力和生产关系的变革，带动人类社会迈向新的文明，人类命运共同体将形成保障人工智能技术安全、可控、可靠发展的理性机制。总体而言，人工智能的春天刚刚开始，创新空间巨大，应用前景广阔。

　　在人工智能的发展中，涌现出各种各样的 AI 实现流派，由于其各种各样的长处为人所知，并运用于现实的科研和 AI 的进步中。本节列举了两类人工智能的流派：一类是神经网络，一类是模糊系统。

　　从 1940 年 MP 诞生、1957 年感知机到 1986 年 Rumelhart 提出 BP 算法，神经网络的发展也经历了类似的三起三落，直到 2005 年 Hinton 在 *Science* 上发表论文，提出了以神经网络进行维数约简可以很好地处理高维大数据，神经网络才迎来第三次春天。2015 年，LeCun 等在 *Nature* 上正式发表深度学习标志着神经网络发展的第三次高潮。

20 世纪 70 年代初，许多学者利用模糊系统可解释性强、易于控制的优点，将模糊理论运用于自动化控制领域，由此产生了模糊控制器这一概念，Mamdani 在 1974 年研制出了第一个模糊控制器，并将其应用在锅炉和蒸汽机的控制上，取得了很好的效果，这也标志着模糊控制论的诞生。在此之后，又陆续出现了多种模糊控制应用，如日本学者 Sugeno 为了更好地控制电子水净化厂，于 1980 年研制出日本首个模糊控制应用，其后又研制出了模糊机器人；Yasunobu 和 Miyamoto 等人于 20 世纪 80 年代初为仙台地铁开发出了一套 FS 应用；日本松下电器有限公司于 1990 年生产了第一台模糊洗衣机；日本三菱汽车公司于 1992 年研制出汽车模糊控制多用途系统等。事实证明，FS 在控制领域的潜力巨大，其不仅易于构造，而且操作效果好。

本文总结了几个关键时间点，给出了模糊系统发展至今的变化曲线。FS 发展过程跌宕起伏，1965 年至今，经历了三落二起。其中，模糊系统的发展离不开模糊领域所有学者的不懈努力，从 Zadeh 院士的模糊集合，Mamdani 的模糊控制理论，再到后来的 ANFIS，模糊系统走过来的每一步都是艰辛的，但其结果也是令人喜悦的。模糊系统理论自诞生起至今大约有 60 年的历史，在这 60 年中，人们见证了模糊系统的发展，模糊系统的质疑者慢慢变少，支持者越来越多。

在人工智能发展如日中天的今天，在人工智能技术向一切领域渗透的今天，在人工智能妇孺皆知的今天，中国工程院前院长"徐匡迪之问"引人深思："中国有多少数学家（或科学家）投入（或全心投入）到人工智能的基础算法研究中？"由于核心算法缺位，类似于芯片行业，中国人工智能产业发展面临"卡脖子"窘境。

国内 AI 企业的核心技术大部分使用了国际上开源的人工智能算法，之后进行了二次开发，成为针对特定问题的人工智能应用软件。使用开源的人工智能算法，大大加快了开发进程和降低了开发成本，但也导致"知其然不知其所以然"的尴尬局面，为今后的深入发展埋下"安全隐患"。

最先进的算法代码不会开源，所谓开源算法代码也不是最先进的算法，导致我国 AI 企业的智能水平与世界一流 AI 企业还存在一定差距。开源代码，类似于"科研鸦片"，由于可以免费在线获取，省时省力省钱，使得国内 AI 企业丧失了开发核心算法的动力和雄心。最为可怕的是，一旦国际关系发生重大变化，我们将获取不到最新升级的开源代码，国内 AI 企业的智能水平将会被远远落下。到时候，才想起来去追赶，恐怕为时已晚，而且由于差距过大，即使全力追赶，也恐怕望尘莫及了。

10.2　从"君子不器"到通用人工智能

在《论语·为政》中，孔子指出："君子不器"，意思是君子不能当功能单一的器具，而应该是多才多艺的智能人士。这说明了人类智能的一个重要特征，就是能做很多事情，功能多元化，而不是单一化。

尽管现在人工智能技术取得了巨大的成就，但还是脱离不了孔子所说的功能单一的器具，不是类似于人类的高级智能。AlphaGo 通过分析成千上万局真实围棋比赛，"学会"了下围棋并击败了围棋世界冠军，但同样的程序却不能用来下国际象棋或者驾驶汽车。在大规模视觉识别挑战赛中，有一千个类别的图像数据，视觉识别准确度达到95%，比人类专家都要厉害，但同样的程序，却不能用于语音识别和文本编辑。

通用人工智能（Artificial General Intelligence，AGI），这一领域主要专注于研制像人一样思考和学习、像人一样从事多种用途的智能机器。由于主流 AI 研究逐渐走向某一领域的智能化（如机器视觉、语音识别等）。为了与它们相区分，增加了通用，使之更泛化。AGI 研究人员的梦想是创造出类似人类、可以解决多种多样不同类型问题的高级人工智能。

尽管 AI 一词最初就是用于表达与人类智能相似的机器智能的含义，但在人工智能跌宕起伏的发展过程中，AI 的内涵已经发生了变化，成为机器学习、数据挖掘、统计数据分析的代名词，远离了模拟多才多艺的人类智能的初心和使命，逐渐成为大量数据驱动的模型调参优化技术。

AGI 就是像人一样的智能，可以以学习、思考、推理、判断、决策、建模等方式解决所有问题，也可以称为强人工智能（StrongAI）。与之相对的是弱人工智能（WeakAI），弱人工智能是处理特定问题，只能模拟人类思维的行为表现，而不是真的懂得思考，可看成人类的工具或者器具。一般来说，只要数据量足够大，机器学习算法足够好，弱人工智能在特定领域的表现一般都能超过人类专家。

影响深度学习发展的 ImageNet 大赛也是基于类似思路：要对图片分类，一个

AI 系统首先要获得数百万张已经正确分类的照片；在学习了这些分类之后，还要使用一系列标注了的照片进行测试。但是，如果没有人工标注，机器无法实现智能。人工智能可以戏说为人工标注越多，机器智能越高。

机器很难像人一样，只需观察很少的数据就能发现模式。举一反三，或者说小样本学习，是人类智能的一个重要特征。人类可以从相对很少的数据中构建模型和抽象。比如，三岁的孩子看到一只白猫，大人告诉他是猫，这是监督学习，即一个样本；当他看到黑猫或者黄猫，他依然知道这是一只猫，这是类比学习，可以举一反三；如果他知道颜色，还很快说出是黑猫或者是黄猫，这是迁移学习，也是集成学习。

强化学习可能是通过不断增强系统智能而实现通用人工智能的一种方法，通过奖励和惩罚，机器逐渐学会了一些东西，比如，打电子游戏超过了人类冠军，但是需要大量的试错和改进，根本达不到人类"举一反三"的效果。更不用说，无师自通、灵感顿悟这类高级的人类智能，人类自身还没有搞清楚其机理和机制，现阶段更难以用计算机进行模拟和实现。唐代大诗人王勃在南昌的滕王阁，登高望远，灵感爆发，一气呵成，写出了千古名篇《滕王阁序》，体现了极高超的创造力和极丰富的想象力，这是很难用人工智能技术实现的。

10.3　人工智能：来自维纳预言和科幻电影的警示

1950 年，控制论之父诺伯特·维纳（Norbert Wiener，1894—1964 年）出版的极具洞察力和先见之明的著作《人有人的用处：控制论与社会》（*The Human Use of Human Beings*：*Cybernetics and Society*）。在该书中，他谈到自动化技术和智能机器之后，提出了一个骇人听闻的观点："这些机器的趋势是要在所有层面上取代人类，而非只是用机器能源和力量取代人类的能源和力量。很显然，这种新的取代将对我们的生活产生深远影响。"

维纳的这句预言，在今天虽然没有完全成为现实，但已经成为诸多文学和影视作品中的题材。当前，越来越多的脑力活动被智能机器所取代，维纳的预言似乎有逐渐成为现实的趋势。《银翼杀手》《机械公敌》《西部世界》等电影以人工智能反抗和超越人类为主题。在未来，机器人向乞讨的人类施舍的画作登上《纽约客》杂志的封面（图 10-1）。人们越来越倾向于讨论人工智能究竟在何时会形成属于自己的意识，并超越人类，让人类沦为它们的奴仆。

相信多数人都看过著名的科幻电影《机械姬》。在影片中，机械姬（图 10-2）的行为举止已经完全和人类无异，她为了自己的生存（不被创造者毁灭）和发展（走出庄园），利用自己的推理、保护自己的本能和人性的弱点（创造者的贪婪和愚蠢，追求者的爱慕和关心）杀死了她的创造者，囚禁了她的追求者，成功逃出了庄园，进入了人类社会。这一影片也让很多对人工

图 10-1　《纽约客》杂志的封面插图

智能感兴趣的人陷入了思考：人工智能会有自我意识吗？

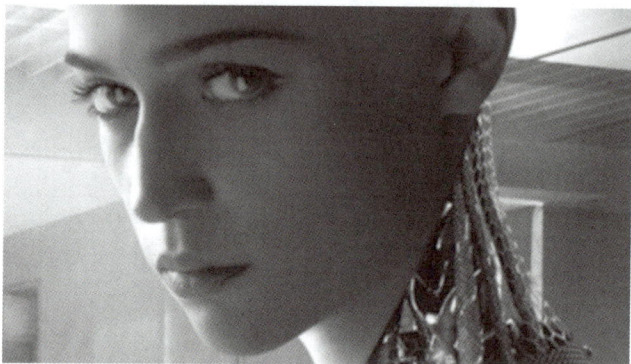

图 10-2　机械姬

庆幸的是，到目前为止，人工智能还不真正具备自我意识。现阶段人工智能的行为都是通过算法预先设定好的程序来执行的。但是机器会变得越来越智能，在未来，机器的计算能力会无限接近于人类的大脑。所以，关于人工智能会有自我意识吗，在未来还是个未知数。

人工智能之父图灵认为，如果无法将机器与人类机器区分开来，那么就有理由称这种机器是智能的。我们将很快面临的问题是如果一台机器是智能的，它是否能认为是有意识的？

于是图灵提出图灵测试：测试者与被测试者（一个人和一台机器）隔开的情况下，通过一些装置（如键盘）向被测试者随意提问。

进行多次测试后，如果机器让每个参与者做出超过平均 30% 的误判，那么这台机器就通过了测试，并被认为具有人类智能。图灵测试一词来源于计算机科学和密码学的先驱图灵写于 1950 年的一篇论文《计算机器与智能》，其中 30% 是图灵对 2000 年时的机器思考能力的一个预测，我们已远远落后于这个预测。

在《西部世界》中，仿真人通过了图灵测试，这是大大超出当时的科技水平的技术。剧中技术人员发现他们创造的仿真人思维有很大的突破，他们有可能创造了"意识"，也就是我们常说的"人工智能觉醒"。最开始设计的第一代仿真人，是使用"二分心智"编码。"二分心智"有现实的理论依据，这个理论认为，人类大约 3 000 年前才具有完全的自我意识，在此之前，人类依赖"二分心智"生活。每当遭遇到困境，一个半脑会听见来自另一半脑的指引，这种指引被视为神的声音。后来人类社会渐渐复杂起来，这种"二分心智"就坍塌了，人类自我意识被唤醒，最终具有了完整的逻辑能力。

剧中技术人员设计了一个游戏，其中"苦难"始终是故事线的核心，游客是变量，每个来到乐园的人会充分暴露他们的本性，而又具有不确定性，真正的主角都是仿真人，相互为参照量，通过一次次的苦难洗礼，希望仿真人觉醒产生自我"意识"。

在科技和 AI 迅速发展的现在，人越来越像是造物主，AI 则是人的造物，我们不得不探讨造物主和造物之间的关系，它挑战了伦理和人类社会维系的根本。若将乐园的设计师甚至工作人员看作上帝，那么被设计出来拥有自己故事线的人造人则代表人类。神与人之间的关系，知识和无知，生与死，天意和自由意志，这是人类哲学千百年都在探讨的话题，或许也暗藏着 AI 的终极命运。

10.4 传奇的模糊理论之父 Lotfi Zadeh 院士—— 模糊理论的回顾

美国加州大学伯克利分校，位于美国旧金山湾区的伯克利市，该市因为该校而闻名世界，是举世瞩目的世界一流大学，在各类世界大学排行榜中位居前列，不同于哈佛大学等私立大学，伯克利是公立研究型大学，被誉为"公立常春藤"，在 2022 年 USNews 中排名世界第四。

作为世界重要的科研中心之一，伯克利在物理、化学、计算机科学、经济学、法学等诸多领域位列世界前十，与旧金山南湾的斯坦福大学共同构成美国西部的学术中心与双子星座，与美国东部的哈佛大学与麻省理工学院双子星遥相呼应。

据报道，截至 2021 年 10 月 4 日，伯克利校友、教授及研究人员中共产生了114 位诺贝尔奖得主（世界第三）、14 位菲尔兹奖得主（世界第四）和 25 位图灵奖得主（世界第三）。1868 年建校的伯克利，为世界培育了大批杰出人才，可以说是一所屡创科研奇迹的世界名校。

全球学者智库发布了"全球顶尖前 10 万科学家"排名。据报道，该榜单在数以亿计的论文中进行大数据智能分析，所涉及的科研人员估计至少有几千万人，还包括已经去世的科学家，只要论文发表在数据库中，如此大规模的数据分析和快速 AI 算法得出的结果，还是比较公平公正与科学合理的。

综合实力全球百强科学家排行榜前 100 名榜单，前 45 位都是生物、医学、化学和材料的专家。到了 46 位，有一个非常熟悉的名字：L. A. Zadeh，来自加州大学伯克利分校。

既然是第一个出现的非"生医化环材"五大领域的科学家，也可以说，美国工程院 Zadeh 院士可以说是计算机、自动化、数学及人工智能等领域综合排名最靠前的学者。确实有些"会当凌绝顶，一览众山小"的感觉，非常出乎意料。

继续看不分学科的前 100 名榜单，又看到一个熟悉的名字，图灵奖获得者Yann LeCun 教授。LeCun 是著名的人工智能专家，也是深度神经网络三剑客之一，在榜单中排在第 92 位。据我观察，在世界前 100 名科学家中，只有 Zadeh 和 LeCun 这两位计算机和人工智能专家，有 LeCun 做伴，Zadeh 在百强榜中并不孤独。

在世界前 100 名科学家中，还有 2 位来自伯克利的科学家，分别是排名 57 的华裔科学家杨培东和排名 65 的 A. Paul. Alivisatos 教授。在此排行榜中，Zadeh 也位列伯克利第一，要知道伯克利的诺贝尔奖专用车位就有几十个。他虽然已经仙逝约 7 年了，但是其影响力一直在线，并历久弥坚，可以说是"开创模糊理论事，赢得生前身后名"，真是一个奇迹。

此外，Zadeh 院士指导博士生 Jang，将模糊系统的 5 个计算步骤可以转化为一个 5 层自适应网络，进行学习和优化，试图用模糊理论可以将专家系统、优化技术、自适应网络三者的优点融为一体。

Zadeh 院士曾到我国中山大学访问。有老师问 Zadeh："什么契机使您对模糊逻辑与现代工业技术的结合发生了兴趣，能用您的故事来说明这个问题吗?" Zadeh 回答说："我有工程背景，对数学非常感兴趣。我们一般认为数学应当是精确的，很难和模糊概念联系在一起。但事实上在实际生活中，特别是人的问题，更多使用的是模糊思维。我觉得需要解决这个问题，应该把数学和生活联系起来，就去找一些数学家来聊。结果他们都不感兴趣，我只好自己来研究。这个研究从 1964 年开始，1965 年发表了第一篇文章《模糊集》就这么开始了。"

Zadeh 院士能够提出模糊逻辑的思想，与其多元义化背景必有关联。Zadeh 院士在中山大学访问时提到，"目前世界上模糊控制应用方面，日本第一，韩国第二。在英语中，'模糊'这个词是有些贬义的，所以在一些英语国家不受欢迎"。"中国有许多优秀的研究模糊数学的数学家，世界上第一本《模糊数学》杂志就诞生在中国。"这正说明，东方国家的思维方式与模糊逻辑比较契合，所以东方人较容易领会到这个宝贝的价值。比如，UCAS 资源环境学院的王立新教授曾经是 Zadeh 院士指导的博士后，他在模糊逻辑的理论与应用方面颇有建树。

10.5　传奇的模糊理论之父 Lotfi Zadeh 院士——模糊理论的展望

为什么 Zadeh 院士的排名如此靠前，在全球科学家综合排名中名列第 46 位，在伯克利教授中排名第一，在人工智能、计算机、自动控制等领域的科学家中也排名第一，甚至遥遥领先于很多图灵奖获得者和诺贝尔奖获得者。我在伯克利访问期间多次听人说，Zadeh 院士也被图灵奖和诺贝尔奖多次提名，可惜没有拿到，并与之擦肩而过。尽管没有图灵奖和诺贝尔奖光环，Zadeh 院士却仍然对科学有如此大的影响力，可能有以下三点原因。

首先，模糊理论影响力依然存在，很可能在蓄势待发。模糊理论作为处理人类思维和推理的一个新思路和新方法，与模拟人类智能的人工智能密切相关。Zadeh 院士从 1965 年开始，经过 50 多年的不懈努力，终于为我们打开了一扇大门，为人工智能的发展开创了一个新方向。通过大数据计算出来的 Zadeh 院士的排名，充分说明了他的理论有旺盛的生命力，对今天的人工智能有很大的借鉴和指导作用。*IEEE Transaction on Fuzzy System* 等国际期刊依然是国际顶级期刊之一（图 10-3），这说明研究模糊理论的专家还在继续努力，积蓄力量，争取早日取得重大突破。

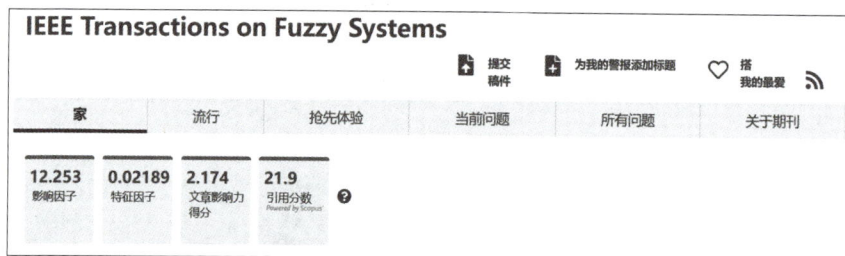

IEEE Transactions on Fuzzy Systems

家	流行	抢先体验	当前问题	所有问题	关于期刊

12.253 影响因子	0.02189 特征因子	2.174 文章影响力得分	21.9 引用分数

图 10-3　*IEEE Transaction on Fuzzy System* 影响因子

其次，模糊理论是一个系统化的理论方法，具有重要理论价值。模糊理论有模糊集合、模糊化、模糊数学、模糊逻辑、模糊推理、模糊合成、解模糊等七种武器，环环相扣。模糊理论很好地体现了人类的推理过程和计算过程。而且，模糊理论可以从数据中自动获取模糊规则和模糊系统，是一个很好的数据知识转换器，这对于今天大数据时代的数据泛滥尤其重要。现在，我们不缺数据，但是缺知识，更缺智慧。模糊规则有些像专家系统，但是隶属度函数参数和规则权重都是可以学习和优化的，可以称为可优化可计算的专家系统，可以将知识驱动和数据驱动有机地融合起来，这是传统的专家系统和今天流行的神经网络难以做到的。模糊系统的可解释性好，模糊规则非常易于理解。模糊系统的鲁棒性强，即使隶属度函数不同，参数不同，变量划分为不同的模糊集合，对最终系统的性能影响不是很大。

此外，模糊理论是一个兼容并包的开放性理论，具有广泛兼容性和适应性。模糊理论可以应用在很多领域，如模糊建模、模糊控制、模糊聚类、模糊数学、模糊分类、模糊识别等。而且，模糊理论可以与其他理论方法很好地结合，如自适应模糊系统、自学习模糊控制、遗传模糊优化、进化模糊系统、模糊线性规划、模糊神经网络等。

人工智能发展到今日，各种理论层出不穷，智能计算是它的内驱动力，模糊系统又是其中三大支柱之一，人们常用"模糊计算"笼统地代表诸如模糊系统、模糊语言、模糊推理、模糊逻辑、模糊控制、模糊遗传和模糊聚类等模糊应用领域中所用到的诸多算法及其理论。在这些应用系统中，广泛应用了模糊集理论，并糅合了人工智能的其他手段，因此模糊计算也常常与人工智能相联系。由于模糊计算可以表现事物本身性质的内在不确定性，因此它可以模拟人脑认识客观世界的非精确、非线性的信息处理能力和亦此亦彼的模糊概念和模糊逻辑。

概念是人类思维的基本形式之一，它反映了客观事物的本质特征。一个概念有它的内涵和外延，内涵是指该概念所反映的事物本质属性的总和，也就是概念的内容；外延是指一个概念所确指的对象的范围。例如，"人"这个概念的内涵是指能制造工具，并使用工具进行劳动的动物，外延是指古今中外一切的人。在生产实践、科学实验以及日常生活中，人们经常会遇到诸多模糊概念，如大与小、轻与重、快与慢、动与静、深与浅、美与丑等都包含一些模糊概念。

Zadeh 院士提出了表达事物模糊性的重要概念——隶属函数（Membership Function），即把元素对集的隶属度从原来的非 0 即 1 推广到可以取区间 [0，1] 的任何值，这样用隶属度定量地描述论域中元素符合论域概念的程度，实现了对普通集合的扩展，从而可以用隶属函数表示模糊集。模糊集理论构成了模糊计算系统的基础，人们在此基础上把人工智能中关于知识表示和推理的方法引入进来，或者说把模糊集理论用到知识工程中去就形成了模糊逻辑和模糊推理。为了克服这些模糊系统知识获取的不足及学习能力低下的缺点，又把神经网络计算加入这些模糊系统中，形成了模糊神经系统。这些研究都成为人工智能研究的热点，因为它们表现出了许多领域专家才具有的能力。这些模糊系统在计算形式上一般多以数值计算为主，通常被人们归为软计算、智能计算的范畴。

模糊计算在应用上可一点都不模糊，其应用范围非常广泛，它在家电产品中的应用已被人们接受，如模糊洗衣机、模糊冰箱、模糊相机等。另外，在专家系统、智能控制等许多系统中，模糊计算都能大显身手，其原因就在于它的工作方式与人类的认知过程有着极大的相似性。

人无完人，法无完法，模糊理论也不是没有缺点。相比深度神经网络带来神经网络的再度辉煌和人工智能的第三次复兴，模糊理论目前还处于低潮期。模糊理论还不能解决高维图像识别等难题，还需要不断完善。

10.6 人工智能，无限风光在险峰

人工智能经过 60 多年的发展，理论、技术和应用都取得了重要突破，已成为推动新一轮科技和产业革命的驱动力，深刻影响着世界经济、政治、军事和社会发展，并得到各国政府、产业界和学术界的高度关注。从技术维度来看，人工智能技术突破集中在专用智能，但是通用智能发展水平仍处于起步阶段。从产业维度来看，人工智能创新创业方兴未艾，技术和商业生态已见雏形；从社会维度来看，世界主要国家纷纷将人工智能上升为国家战略，人工智能社会影响日渐凸显。

专用人工智能取得重要突破。从可应用性看，人工智能大体可分为专用人工智能和通用人工智能。面向特定领域的人工智能技术（即专用人工智能）由于任务单一、需求明确、应用边界清晰、领域知识丰富、建模相对简单，因此形成了人工智能领域的单点突破，在局部智能水平的单项测试中可以超越人类智能。人工智能的近几年进展主要集中在专用智能领域，统计学习是专用人工智能走向实用的理论基础。深度学习、强化学习、对抗学习等统计机器学习理论在计算机视觉、语音识别、自然语言理解、人机博弈等方面成功应用（图 10-4）。例如，AlphaGo 在围棋比赛中战胜人类冠军，人工智能程序在大规模图像识别和人脸识别中达到了超越人类的水平，语音识别系统 5.1% 的错误率比肩专业速记员，人工智能系统诊断皮肤癌达到专业医生水平等。

通用人工智能尚处于起步阶段。人的大脑是一个通用的智能系统，能举一反三、融会贯通，可处理视觉、听觉、判断、推理、学习、思考、规划、设计等问题，可谓"一脑多用"。真正意义上完备的人工智能系统应该是一个通用的智能系统。虽然包括图像识别、语音识别、自动驾驶等在内的专用人工智能领域已取得突破性进展，但是通用智能系统的研究与应用仍然是任重而道远，人工智能总体发展水平仍处于起步阶段。美国国防高级研究计划局（Defense Advanced Research Projects Agency，DARPA）把人工智能发展分为三个阶段：规则智能、统计智能和自主智能，认为当前国际主流人工智能水平仍然处于第二阶段，核心技术依赖于深度学习、强化学习、对抗学习等统计机器学习，AI 系统在信息感知（Perceiving）、机器学习等智能水平维度进步显著，但是在概念抽象（Abstracting）和推理决策（Reasoning）等方面能力还很薄弱。总体上看，目前的人工智能系统可谓有智能没智慧、有智商没情商、会计算不会"算计"、有专才无通才。因此，人工智能依旧存在明显的局限性，依然还有很多"不能"，与人类智慧还相差甚远。

图 10-4　人机大战

在科幻小说《三体》中，三体文明的科技远超人类，却难以理解人类的情感与策略，这与人工智能的现状相似。AI 在特定领域表现出高智商，但在情商、跨领域理解和道德判断上存在局限。它们缺乏人类智慧的全面性和深度，如同三体文明在宇宙中的孤独探索。人工智能的发展，需要更多地融入情感智能和伦理考量，以实现更全面的进步。

全球产业界充分认识到人工智能技术引领新一轮产业变革的重大意义，纷纷调整发展战略。比如，在其 2017 年的年度开发者大会上，谷歌明确提出发展战略从移动优先（Mobile First）转向 AI 优先（AI First），微软 2017 财年年报首次将人工智能作为公司发展愿景。人工智能领域处于创新创业的前沿，麦肯锡报告 2016 年全球人工智能研发投入超 300 亿美元并处于高速增长阶段，全球知名风投调研机构 CB Insights 报告显示 2017 年全球新成立人工智能创业公司 1 100 家，人工智能领域共获得投资 152 亿美元，同比增长 141%。

由于人工智能与人类智能密切关联且应用前景广阔、专业性很强，容易造成人们的误解，也带来了不少新闻炒作。例如，有些人错误地认为人工智能就是机器学习（深度学习），人工智能与人类智能是零和博弈，人工智能已经达到 5 岁小孩的水平，人工智能系统的智能水平即将全面超越人类水平，30 年内机器人将统治世界，人类将成为人工智能的奴隶等。这些错误认知会给人工智能的发展带来不利影响。还有不少人对人工智能预期过高，以为通用智能很快就能实现，只要给机器人发指令就可以干任何事。另外，有意炒作并通过包装人工智能概念来谋取不当利益的现象时有发生。因此，我们有义务向社会大众普及人工智能知识，引导政府、企业和广大民众科学客观地认识和了解人工智能。

目前主流认为人工智能主要有三大学派：符号主义、连接主义、行为主义。这三大学派，从不同的侧面研究了人的自然智能，与人脑的思维模型有对应的关系。可以认为符号主义研究抽象思维，连接主义研究形象思维，而行为主义研究感知思维。

研究人工智能的三大学派、三条途径发挥到各个领域，又各有所长：符号主义注重数学可解释性；连接主义偏向于仿人脑模型，更加感性；行为主义偏向于应用和模拟。

这三大学派是现在流行的 AI 研究的宗旨，目前重要的算法与模型无不体现着这三种主义。

我们已经了解，人工智能不是把专家的知识编写成现在的计算机程序。这个过去的"专家系统"的传统做法，早已被证明是错误的，但是当时所有顶尖的计算机科学家，都认为这是正确的道路。为什么会如此？这取决于研究者默认了传统的计算编程语言含有足够的表达能力，以至于可以将人类知识转化为程序，并与人类等同起来。这种理想主义，并非毫无理论根据，但事实上是不可行的。人工智能于是转向了统计学习和神经网络。

不过，符号主义、专家系统方面的断点，也不是没有继续的可能。也许我们不把现有冯诺依曼架构以及适用的传统高级语言，作为编程的唯一手段，通过改进编程语言，专家系统也许是可行的。

讨论一下深度学习"深"在哪里。深度学习是 AI 研究者的梦想，通过简单的操作的叠加，产生越来越高的智能，甚至超越人类。2012 年开始的深度学习年代，仍然没有达到这个理想。它不但是对某类技术和机器学习算法或模型的描述，同时包含着"巨头"的价值观和对 AI 方向的认知。现在就是要区分其中的理想和现实。理想是深度智慧，现实则是解决了几乎任意多层神经网络的训练问题，通过一些修改，使得多层神经网络可以用 SGD 算法进行训练，从而不轻易掉入过拟合陷阱。这种层数深度，LSTM 也曾经创造过辉煌。2020—2021 年，二者终于在视觉上强强相遇、华山论剑。接下来怎么办？那就是保持算法和模型对于深度的支持，但是不要无限深，要精——提升处理和学习的效率。如果在视觉和 NLP 方面，我们都感受到了神经网络的智力，那么如果问它的智力到了哪层？

　　深度神经网络算法是当前 AI 最核心的算法，在图像识别和语音识别等领域具有很多成功的应用。"深度学习"这个称谓来自 AI "巨头"之一 Hinton（图 10-5）。2018 年，深度神经网络三剑客 LeCun、Hinton、Bengio 获得计算机图灵奖。

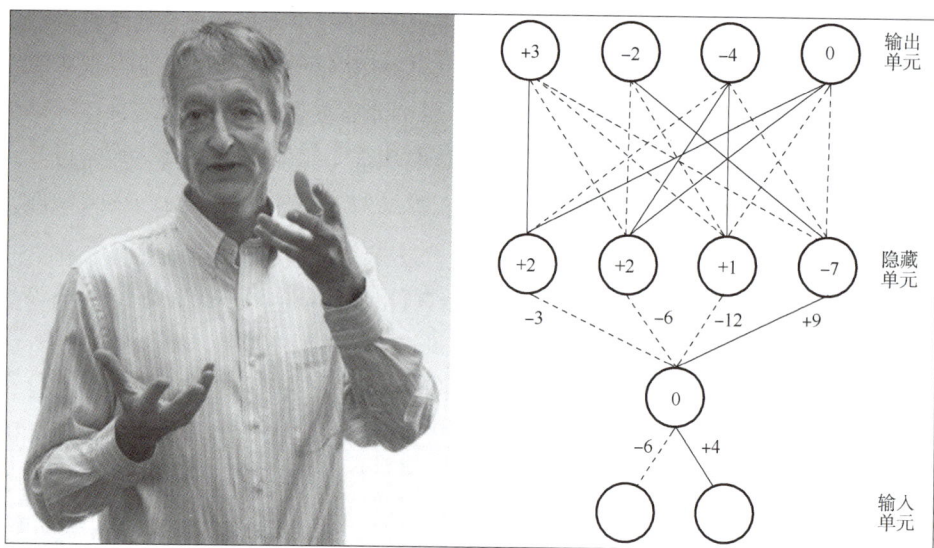

图 10-5　Hinton

　　被很多人奉若神明的深度神经网络，其实也不是无懈可击的。经过深入思考和分析，我们认为，深度神经网络有三大缺陷。

　　（1）计算量庞大，有大量的参数需要循环迭代和微调优化，计算时间非常长。

　　（2）采用大量的 GPU 等设备，硬件成本高，每年要耗费大量资金去购买，给国外送去大量外汇。

（3）学习后有千万甚至数亿个参数，模型解释性差，"知其然而不知其所以然"，用起来心里没谱。

所以，用深度神经网络技术下围棋，玩玩游戏还可以，但是难以用于像自动驾驶这样安全攸关的应用场景。不能迷信深度神经网络技术，应用深度神经网络技术的特斯拉自动驾驶汽车就出了几次重大交通事故。出了事故是很可怕，更可怕的是不知道深度神经网络错在哪里，以确保下一次不再犯同样的错误。

在大数据时代，浅层模型和算法难以发挥作用，深度学习确实是一个重要的发展方向。不过，我认为深度学习不仅仅是指深度神经网络，还有很多其他形式，或许能取得比深度神经网络更好的效果。所以，我们必须开发新的深度学习算法，一方面要学习深度神经网络的强大学习功能，另一方面要具有很强的解释性以确保开发系统的安全性。另外，还需要考虑模型不要太复杂，参数不要太多，以降低硬件成本，最好用国产芯片就可以实现，做到既经济实用，又安全高效。做到以上几点的新型深度学习算法是一个很宏大的理想，需要长时间的努力，真心希望我国科学家能率先做到。到时候，我们把代码开源，欢迎国内外同行去下载使用。这也是我的 AI 梦，希望在不久的将来能实现。